Basiswissen Ingenieurmathematik Band 4

Georg Schlüchtermann · Nils Mahnke

Basiswissen Ingenieurmathematik Band 4

Funktionen einer reellen Veränderlichen, Stetigkeit und Differenzialrechnung

Springer Vieweg

Georg Schlüchtermann
Hochschule München
München, Deutschland

Nils Mahnke
FOM Hochschule
Hamburg, Deutschland

ISBN 978-3-658-45344-2 ISBN 978-3-658-45345-9 (eBook)
https://doi.org/10.1007/978-3-658-45345-9

Die Deutsche Nationalbibliothek verzeichnet diese Publikation in der Deutschen Nationalbibliografie; detaillierte bibliografische Daten sind im Internet über https://portal.dnb.de abrufbar.

Cartoons von Mikaado-Grafikdesign, Stelle, Deutschland

Planung/Lektorat: Eric Blaschke
Springer Vieweg ist ein Imprint der eingetragenen Gesellschaft Springer Fachmedien Wiesbaden GmbH und ist ein Teil von Springer Nature.
Die Anschrift der Gesellschaft ist: Abraham-Lincoln-Str. 46, 65189 Wiesbaden, Germany

Vorwort

In den beiden Bänden 2 und 3 dieser Reihe zur Ingenieurmathematik behandelten wir die grundlegenden Begriffe der Linearen Algebra. Im ersten Band hatten wir bereits einige fundamentale Konzepte der Analysis, wie Abbildung und Konvergenz, angesprochen. Dieser vierte Band wird sich nun ausschließlich der Analysis widmen.
Erfahrungsgemäß sind die Prüfungsergebnisse Studierender in der Linearen Algebra tendenziell besser als im Teilgebiet der Analysis. Das liegt zum Einen daran, dass die Elemente der Algebra näher den Grundrechenarten und deren Gesetze liegen und zum Anderen daran, dass die Objekte der Analysis oft weniger anschaulich sind. Wie bereits im zweiten Band erläutert, kann man Funktionen auch als Vektoren auffassen, etwas das mit der Anschauung eines klassischen Vektors als Darstellung eines Pfeils mit Spitze wenig zu tun hat.
Allerdings sollten die Objekte, die Gegenstand dieses Bandes sind, aus der Schule bestens bekannt sein, nämlich die Funktionen. Dabei beschränken wir uns in diesem Band noch auf Funktionen einer reellen Variablen. In einem späteren Band erweitern wir die Betrachtung dann auf Funktionen mehrerer Veränderlicher. Der Begriff der Funktion wurde bereits in der Antike verwendet, doch explizite Erwähnung fand er durch *Nicolaus von Oresme* im 14. Jahrhundert.Das Gebiet der Analysis befasst sich mit Funktionen und zeigt innerhalb der Mathematik am besten, wie andere Wissenschaften, insbesondere die Naturwissenschaften, einerseits die Mathematik befruchteten und Ideengeber waren und andererseits wie neben den Naturwissenschaften die Ingenieurwissenschaften mit Ihren Anwendungen von der Mathematik profitieren konnten.
Deshalb ist dieser Band als Nachschlagewerk und zur Auffrischung gerade für technisch orientierte Ingenieure gut geeignet.
Die in dieser Monographie behandelten Inhalte bilden einen fundamentalen Bestandteil im Lehrkanon an Fachhochschulen und Universitäten

auch außerhalb des Teilgebiets der Mathematik.
Wie bereits bei den vorher erschienenen Bänden wollen wir auch in diesem Hinweise geben, wie man sich der Inhalte annehmen kann und gleichzeitig das Erarbeitete so erlernt, dass es nicht nach der ersten Prüfung in Vergessenheit gerät.
Wir haben in diesem Band wieder einige Klausuraufgaben beigefügt, die nach Schwierigkeitsgrad bzw. Länge gestaffelt sind.
Die Beschäftigung mit diesem einleitenden Gebiet der Analysis möge Freude bereiten, da es für die weiterführenden Gebiete innerhalb wie außerhalb der Mathematik von fundamentaler Bedeutung ist. Und vielleicht führt dies ja dazu, sich mit der Mathematik auch weiter zu beschäftigen, so wie es J. B. Śniadecki (1756-1830) ausdrückte:

> „Die Mathematik ist die Königin aller Wissenschaften. Ihr Liebling ist die Wahrheit, ihre Kleidung Einfachheit und Klarheit. Ihr Palast ist von Dornengehölz umwachsen, wer zu ihm gelangen will, muss sich durch dieses Dickicht kämpfen. Ein zufälliger Reisender wird im Palast nichts Anziehendes finden. Seine Schönheit öffnet sich nur dem Verstand, der die Wahrheit liebt, der beim Überwinden von Schwierigkeiten hart wurde und der Zeuge ist für die erstaunliche Neigung des Menschen zu verworrenen, aber unerschöpflichen und erhabenen geistigen Genüssen."

Unser besonderer Dank gilt Mikaado-Grafikdesign Monika Mahnke für das Erstellen der mathematischen Comics zu unserem Lehrbuch und Herrn Blaschke für das detaillierte Lektorat.

Prof. Dr. Nils Mahnke
Prof. Dr. Georg Schlüchtermann
Hamburg und München, im April 2024

Abbildungsverzeichnis

Inhaltsverzeichnis

1. Einleitung

Die Mathematik ist das Tor und der Schlüssel der Wissenschaften.
Die Vernachlässigung der Mathematik schadet allen Erkenntnissen,
denn wer sie nicht kennt, kann die anderen Wissenschaften
oder die Dinge dieser Welt nicht kennen.
Und was noch schlimmer ist: Menschen, die so unwissend sind,
können ihre eigene Unwissenheit nicht erkennen
und suchen daher nicht nach Abhilfe.

Roger Bacon (etwa 1214-1294)

Wie bereits in den ersten drei Bänden der Reihe "Ingenieurmathematik" so adressieren wir auch dieses Buch vor allem an Studierende und Lehrende an Fachhochschulen und Universitäten, deren Hauptaugenmerk nicht auf ein reines Mathematikstudium liegt. Auch wenn wir viele Beweise nur andeuten, so wollen wir doch dem Leser vermitteln, dass man nicht nur anschaulich und spekulativ Mathematik betreiben kann, oder wie es Friedrich Wille etwas salopp ausdrückte:

"Beweisen muss ich diesen Käs', sonst ist die Arbeit unseriös."

Dieser Band befasst sich mit den grundlegenden Objekten in der Analysis, den Funktionen. Ihre Bedeutung in den Anwendungen, sowohl in Natur- wie Ingenieur- und Wirtschaftswissenschaften, ist umfassend und sehr zahlreich.

Wir beginnen mit den elementaren, vor allem aus der Anschauung motivierten Eigenschaften von Funktionen und behandeln drei zentrale, vor allem für die Ingenieure wichtige Klassen von Funktionen - die trigonometrischen Funktionen (mit Sinus und Kosinus), die Exponentialfunktion mit ihrer Umkehrfunktion, dem natürlichen Logarithmus und schließlich allgemein die Potenzreihen.

Ergänzende Information Die elektronische Version dieses Kapitels enthält Zusatzmaterial, auf das über folgenden Link zugegriffen werden kann https://doi.org/10.1007/978-3-658-45345-9_1.

G. Schlüchtermann und N. Mahnke, *Basiswissen Ingenieurmathematik Band 4*,
https://doi.org/10.1007/978-3-658-45345-9_1

Alle diese Funktionen haben die Eigenschaften, dass sie stetig und differenzierbar sind. Die Stetigkeit ist für die Beschreibung weiterer Eigenschaften von Funktionen wie Zwischenwerte oder Extremwerte zentral. Auch wenn man gemeinhin Stetigkeit dadurch beschreibt, dass keine Sprünge im Graphen einer Funktion auftreten und man deshalb stetige Funktionen "in einem Zug zeichnen" kann, ist die Stetigkeit im Vergleich zur Differenzierbarkeit weniger anschaulich motivierbar, da letztere bekanntlich mit der Steigung der Tangente an den Graphen direkt in Verbindung steht.
Mithilfe des Konzeptes der Differenzierbarkeit wird man erste Anwendungen im Bereich der Optimierung finden sowie mit dem Begriff der *Taylorreihe* sehen, dass viele elementare Funktionen eigentlich nichts anderes als Potenzreihen sind. Mit einem Beispiel werden wir schließlich zeigen, dass es stetige aber nirgends differenzierbare Funktionen gibt, was der anschaulichen Beschreibung, eine stetige Funktion in einem Strich zu zeichnen, widersprechen wird.

Im letzten Abschnitt beschließen wir den Inhalt des Buches mit einer kleinen Einführung in die numerischen Methoden. Hier werden wir uns speziell mit der Lösung von Gleichungen oder allgemein der Bestimmung von Nullstellen von Funktionen beschäftigen. Dabei werden wir zuerst die zwei klassischen Methoden der „Regula Falsi“ und des „Newton-Verfahrens“ aus der Anschauung einführen und im Rahmen des Newton-Verfahrens dann auch das Konzept der Konvexität einer Funktion behandeln. Abschließend kehren wir dann noch einmal zu den Taylor-Polynomen zurück, um zu zeigen, wie man auch mit deren Hilfe möglichst genaue Lösungen von Gleichungen bestimmen kann.

Wir haben, wie in den vorangegangenen Bänden auch, jeden größeren Abschnitt mit Kurzfragen zum Verständnis und einer Reihe von Übungsaufgaben abgeschlossen.

Genau genommen haben wir auch dieses Mal die Übungen zu den einzelnen Kapiteln subjektiv nach ihren Schwierigkeitsgraden in die folgenden Klassen eingeteilt [1] :

[1] Im Angelsächsischen werden die gegebenen Einteilungen auch gerne wie folgt bezeichnet: A: „Allright“ B:„Best Practice“ C: „Challenging“ D: „Deep Thinking“

Kl A: Routineaufgaben, die aber auch methodisch aufwendig sein können.

Kl B: Aufgaben, die Mittels der behandelten Sätze lösbar sind, aber ein erweitertes Verständnis erfordern.

Kl C: Aufgaben, die zusätzlich (zu den Anforderungen in B:) oft eine Idee und den richtigen Überblick erfordern.

Kl D: Aufgaben, zu deren Lösung ein tiefes Verständnis, ein sehr guter Überblick und viel Phantasie erforderlich sind.

Die Einbindung von Anforderungen auf den D:Niveau, soll vor allem deutlich machen, dass Mathematik zwar Rechenformalismen verwendet aber schlussendlich sich in einem viel umfassenderen Kontext abspielt. Lösungen zu den Kurzfragen und exemplarische Probeklausuren beschließen wie immer diesen Band.

Prof. Dr. Nils Mahnke
Prof. Dr. Georg Schlüchtermann

München, im April 2024

2. Funktionen einer Variablen

A sense of infinite pity, not for himself,
but for the painted image of himself came over him.
It had altered already, and would alter more.
Its gold would wither into gray, its red and white roses would die.

Oscar Wilde „The picture of Dorian Gray" (1854-1900)

2.1 Einführende Worte zu Funktionen

In den klassischen Naturwissenschaften wird von vier Grundprinzipien zur Beschreibung der Natur ausgegangen, dem Prinzip der Zerlegbarkeit von Vorgängen oder Systemen in Teilvorgänge bzw. -systeme, dem Prinzip der Kausalität, jener Eindeutigkeit der Abfolge von Ursache und Wirkung, dem Prinzip der Objektivität der Beobachtung, in der die Unabhängigkeit der Messung vom Messprozess formuliert ist und dem Prinzip der Stetigkeit, welches die nichtsprunghafte Änderung der Eigenschaften eines Objektes oder Systems fordert.

Gerade das Prinzip der Stetigkeit basiert in den Naturwissenschaften darauf, dass wir die Veränderungen der Welt um uns in Abhängigkeit von der Zeit als Parameter als kontinuierlich, eben ohne Lücken oder sprunghafte Änderungen, wahrnehmen. Zu jedem Zeitpunkt besitzt damit in den klassischen Naturwissenschaften ein Objekt oder ein System einen eindeutigen Zustand.

Ergänzende Information Die elektronische Version dieses Kapitels enthält Zusatzmaterial, auf das über folgenden Link zugegriffen werden kann https://doi.org/10.1007/978-3-658-45345-9_2.

G. Schlüchtermann und N. Mahnke, *Basiswissen Ingenieurmathematik Band 4*,
https://doi.org/10.1007/978-3-658-45345-9_2

Da Zeitpunkte dem Prinzip zufolge beliebig dicht liegen, ebenso wie die Elemente der reellen Zahlen, werden in den Naturwissenschaften die Zustände von Objekten und Systemen in Abhängigkeit vom reellen Zeitparameter t formuliert, wie z. B. die Geschwindigkeit v eines, ausgehend von der Anfangsgeschwindigkeit v_0, ab dem Zeitpunkt t_0 linear konstant mit a_0 beschleunigten Körpers:

$$v(t) = a_0 \cdot (t - t_0) + v_0 \tag{2.1}$$

Die Beschreibung (2.1) der Geschwindigkeit zeigt dabei schon eine erste Formulierungsvariante einer Funktion, den Funktionsterm. Die Beschreibung (2.1) macht in diesem Beispiel die Abhängigkeit der Geschwindigkeit von der Zeit der Analyse für alle Zeiten zugängig und schafft die Grundlage für Vorhersagen. So ließ sich z. B. die Frage nach der Geschwindigkeit zu einem beliebigen Zeitpunkt mit Hilfe von (2.1) ebenso beantworten, wie die Frage, zu welchem Zeitpunkt der Körper eine definierte Geschwindigkeit besaß.

Neben der Darstellung durch einen Funktionsterm, wie in (2.1), existieren für Funktionen aber noch weitere Varianten der Formulierung. Auch definiert das Beispiel natürlich noch nicht den Begriff der Funktion selber.
Im Folgenden werden Funktionen und ihre Darstellungen allgemein definiert, grundlegende erste Eigenschaften von Funktionen besprochen und spezielle für das Grundwissen in den Ingenieurwissenschaften unerlässliche Funktionen behandelt.

2.2 Funktionen und Darstellungsformen

Bereits in Band 1 ([SM01]) trafen wir auf Funktionen als Spezialfall von Relationen. So wurden in [SM01] Funktionen (Abbildungen) wie folgt definiert:

Definition 2.2.1. *(Funktion, Abbildung)*
Es seien A, B nichtleere Mengen und $(A, B, \mathcal{R})$ eine Relation auf $A \times B$. Wir nennen $\mathcal{R}$ eine **Funktion oder Abbildung** *f von A nach B, in Zeichen $f : A \to B$, wenn sie definit ist, d. h., für alle $a \in A$ existiert genau ein $b \in B$ mit $a\mathcal{R}b$. In diesem Fall schreiben wir dann $b = f(a)$.*

Definition 2.2.1 lässt sich in der Abbildungsvorschrift als vollständige Darstellung einer Funktion zusammenfassen.

Definition 2.2.2. *(Abbildungsvorschrift)*
Sei f die Bezeichnung der definiten Relation $a\mathcal{R}b$ auf der nichtleeren Menge $A \times B$, mit $a \in A$ und $b \in B$.
Die Abbildungsvorschrift zu f lautet damit

$$\begin{aligned} f : A &\to B \\ a &\mapsto b = f(a) \end{aligned} \tag{2.2}$$

Wiederholen wir noch einmal die Grundbegriffe zur Abbildungsvorschrift als Darstellung von Funktionen, bevor wir inhaltlich voranschreiten.

Bemerkungen 2.2.1.

- *Die Abbildungsvorschrift einer Funktion ist deren vollständige Darstellung.*
- *Die Darstellung (2.2) wird wie folgt gelesen:*
  „Die Funktion f, welche von A nach B abbildet, ist gegeben durch: a wird abgebildet auf b, welches gleich f von a ist.“
- *In (2.2) bezeichnet man*
  - *f als das Funktionssymbol* [1]
  - *A als die Urbildmenge*
  - *B als die Bildmenge*
  - *a im Ausdruck $f(a)$ als das Argument von f*
  - *b als das Bild von a unter f*
- *Der Pfeil „$\mapsto$“ in (2.2) wird gelesen als „… wird abgebildet auf …“.*

Der Funktionenbegriff ist zentral für den gesamten folgenden Teil des Buches. Er findet sich, insbesondere als reelle oder reellwertige Funktion, in fast allen Anwendungen wieder, für die eine quantitative Analyse notwendig ist.

Definition 2.2.3. *(reelle und reellwertige Funktion)*
Eine Abbildung wie in (2.2) heißt **reelle Funktion**, *falls $A, B \subseteq \mathbb{R}$ und* **reellwertig**, *wenn nur $B \subseteq \mathbb{R}$ gefordert wird.*

Für reelle Funktionen ergeben sich neben der Abbildungsvorschrift die folgenden weiteren Darstellungsformen

[1] Hier ist grundsätzlich auch jedes andere Symbol denkbar, wie z. B. v, K, F, Φ usw. Aus Schultagen ist nur das Symbol f das gewohnte.

Definitionen 2.2.4. *(Darstellungsformen reeller Funktionen)*
Seien $A, B \subseteq \mathbb{R}$ und $f : A \to B$, $a \mapsto f(a)$. Dann existieren die folgenden Darstellungsformen von f.

- *Der Term $f(a)$ bezeichnet den* **Funktionsterm**.
- *Wird der Wert des Funktionsterms allgemein durch eine Variable repräsentiert, z. B. $b = f(a)$, so bezeichnet dieser Ausdruck eine* **Funktionsgleichung**.
- *Werden Funktionswerte den zugehörigen Argumenten in einer Tabelle exemplarisch gegenüber gestellt, so wird diese Tabelle eine* **Wertetabelle** *der Funktion genannt.*
- *Die Menge*

  $$G_f := \{(a, b) \in \mathbb{R} \times \mathbb{R}; a \in A \wedge b = f(a)\}$$

  heißt der **Graph der Funktion**.

Die Darstellungsformen in den Definitionen 2.2.4 haben alle ihre jeweiligen Vor- und Nachteile.

Bemerkungen 2.2.2.

- *Sowohl Funktionsterm, als auch Funktionsgleichung einer Funktion sind als Darstellungsform unvollständig, da sie ohne vorherige Festlegungen keine Angaben über Bild- und Urbildmenge enthalten, bieten aber bei reellen Funktion den besten methodischen Zugang zu deren Eigenschaften.*
- *Die Wertetabelle ist zwar die Darstellungsform mit der geringsten Aussagekraft bezüglich der zugrundeliegenden Funktion, stellt aber als Datensatz in den Wissenschaften meist die erste und damit die wichtigste Darstellungsform einer Funktion dar.*[2]
- *Wie bereits aus der Schule bekannt ist, kann der Graph einer reellen Funktion in einem Koordinatensystem dargestellt werden. Der Graph ist damit die anschaulichste Darstellungsform einer reellen Funktion, auch wenn ein exaktes Ablesen von Werten oder Bereichen aus der grafischen Darstellung nicht möglich ist.*

---

[2] Um zu einer Wertetabelle einen zugehörigen Funktionsterm zu bestimmen, ist das sogenannte „Interpolationsproblem“ mit Hilfe numerischer Mathematik zu lösen.

Bevor wir weitere Begriffe zu Funktionen betrachten, folgt noch ein einfaches Beispiel zu den Darstellungsformen.

Beispiel 2.2.1.
Gegeben sei die reelle Funktion

$$f : \mathbb{R} \to \mathbb{R},\ x \mapsto x^3 - x^2 + x + 1$$

Dann ist

- $f(x) = x^3 - x^2 + x + 1$ *der zugehörige Funktionsterm.*
- $y = x^3 - x^2 + x + 1$ *eine zugehörige Funktionsgleichung, mit der Termwertvariablen* y.
- *die folgende Tabelle eine mögliche Wertetabelle.*

x	-2	-1	0	1	2
$f(x) = y$	-13	-2	0	2	7

- *im folgenden Koordinatensystem ein Ausschnitt des Graphen von* f *dargestellt.*

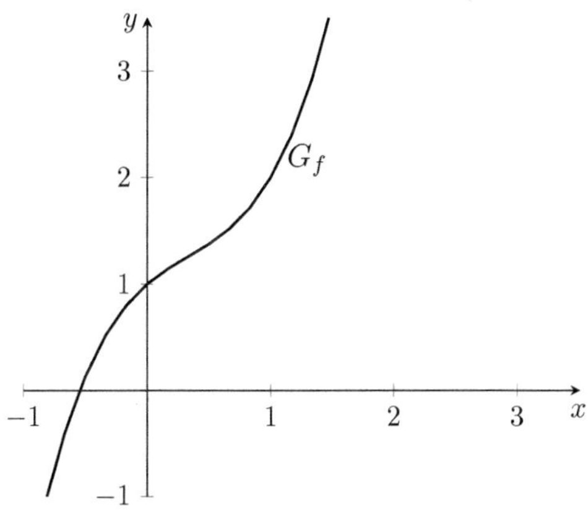

Die reellen Funktionen sind ein einfacher Fall von Funktion einer Variablen und dazu ein sehr gut untersuchter.

Ist eine Funktion auf verschiedenen Bereichen der Urbildmenge jeweils anders definiert, spricht man von einer abschnittsweise definierten Funktion.

Definition 2.2.5. *(abschnittsweise definierte Funktion)*
Seien $A_1, \ldots, A_n \subset A$, $n \in \mathbb{N}$ paarweise disjunkte Teilmengen einer nichtleeren Menge A und seien

$$f_i : A_i \to B\,,\ i = 1, \ldots, n$$

auf den Teilmengen $A_i \subset A$ definiert. Dann wird die Funktion f

$$\begin{aligned} f : A_1 \cup \ldots \cup A_n &\to B \\ a &\mapsto f(a) = \begin{cases} f_1(a) & a \in A_1 \\ \vdots & \\ f_n(a) & a \in A_n \end{cases} \end{aligned}$$

eine **abschnittsweise definierte Funktion** *genannt.*

Beispiele für abschnittsweise definierte Funktionen wären

Beispiele 2.2.2.

- *Die Betragsfunktion*

$$\begin{aligned} |.| : \mathbb{R} &\to \mathbb{R}_0^+ \\ x &\mapsto |x| = \begin{cases} x & x \in \mathbb{R}_0^+ \\ -x & x \in \mathbb{R}^- \end{cases} \end{aligned}$$

- *Die Signumfunktion (Vorzeichenfunktion)*

$$\begin{aligned} sgn : \mathbb{R} &\to \{-1, 0, 1\} \\ x &\mapsto sgn(x) = \begin{cases} 1 & x \in \mathbb{R}^+ \\ 0 & x = 0 \\ -1 & x \in \mathbb{R}^- \end{cases} \end{aligned}$$

Abschnittsweise definierte Funktionen finden sich in der Technik immer dann, wenn eine Eigenschaft eines technischen Systems über die Grenzen von Teilsystemen hinweg beschrieben wird, wobei sich die betrachtete Eigenschaft an den Grenzen sprunghaft ändert.
So kann man z. B. die Steigung in einem Stab, der mit einem Ende auf dem Boden liegt aber an einer Stelle mit dem anderen Ende nach oben geknickt ist, durch Teilbereiche gleicher Steigung darstellen.

Sind die betrachteten Funktionen reelle, so haben sich für diese die folgenden Begriffe etabliert.

Definitionen 2.2.6. *(Definitions- und Wertemenge)*
Sei $f : A \longrightarrow B$ $(A, B \subseteq \mathbb{R})$ eine reelle Funktion einer Variablen.
Dann bezeichnet

- $A = \mathbb{D}$ *die* **Definitionsmenge** *von f.*
- $\mathbb{D}_{\max} = \{x \in \mathbb{R};\ f(x) \in \mathbb{R}\}$ *die* **maximale Definitionsmenge** *von f.*
- $\mathbb{W} = \{y \in \mathbb{R}; \exists\, x \in \mathbb{D} :\ y = f(x)\}$ *die* **Wertemenge** *von f.*

Bemerkungen 2.2.3.
Sei $f : \mathbb{D} \to \mathbb{W}$ im Folgenden eine reelle Funktion.

- *Dann wird $\mathbb{D}$ auch als „Definitionsbereich“ und $\mathbb{W}$ wird auch als „Wertbereich“ von f bezeichnet.*
- *Für den Wertebereich von f wird auch die formale Darstellung $\mathbb{W} = f(\mathbb{D})$ verwendet.*
- *Durch die Festlegung von f auf $\mathbb{D}_{\max}$ wird erreicht, dass nur auf diejenigen $x \in \mathbb{R}$ zurückgegriffen wird, für welche f durch eine geschlossene Formel gegeben sein kann. So ist beispielsweise für $f(x) = \ln(x)$ natürlich $\mathbb{D}_{\max} = \mathbb{R}^+$.*
- *Eine reelle Funktion kann grundsätzlich immer auf $\mathbb{D} = \mathbb{R}$ definiert sein. Die Beschränkung auf $\mathbb{D}_{max}$ ermöglicht es aber, für f auf $\mathbb{D}_{max}$ besondere Eigenschaften wie z. B. Stetigkeit oder Differenzierbarkeit erklären zu können, die wir noch behandeln werden.*

Einfache aus dem schulischen Kontext bekannte Beispiele für reelle Funktionen und deren jeweilige maximale Definitionsmenge sind:

Beispiele 2.2.3.

- *Konstante Funktionen*

$$f(x) = c,\ c \in \mathbb{R}\,(z.\ B.\ \ c = 1),\ \mathbb{D}_{max} = \mathbb{R}$$

- *(affin) Lineare Funktionen*

$$f(x) = ax + b,\ a, b \in \mathbb{R}\ (a \neq 0),\ \mathbb{D}_{\max} = \mathbb{R}$$

- *Quadratische Funktionen*

$$f(x) = ax^2 + bx + c,\ a, b, c \in \mathbb{R}\,(a \neq 0),\ \mathbb{D}_{\max} = \mathbb{R}$$

2.3 Eigenschaften von Funktionen

Für die Untersuchung von reellen Funktionen ist es notwendig, wesentliche Eigenschaften zu definieren und spezielle Funktionen nach diesen zu kategorisieren.

In [SM01] hatten wir bereits die ersten Eigenschaften definiert, die hier auf reelle Funktionen angepasst wiederholt werden.

Definitionen 2.3.1. *(surjektiv, injektiv, bijektiv)*
Gegeben sei eine reelle Funktion $f : \mathbb{D} \to B \subseteq \mathbb{R}$. Wir nennen f

1. **injektiv**, *wenn für alle $x, y \in \mathbb{D}$, $x \neq y$, folgt $f(x) \neq f(y)$.*
2. **surjektiv**, *wenn es zu jedem $y \in B$ ein $x \in \mathbb{D}$ gibt, mit $f(x) = y$.*
3. **bijektiv**, *wenn f injektiv und surjektiv ist.*

Die Definitionen 2.3.1 weisen bereits einige Funktionen gleicher Eigenschaften aus, sind aber so nur ein erster Ansatz zur Beschreibung von Funktionen.

Betrachtet man die grundsätzliche Eigenschaft von reellen Funktionen, nämlich dass sie „reelle Funktionen" sind, so zeigt sich, dass endlich viele von diesen wieder zu neuen reellen Funktionen verknüpft und verkettet werden können.

Satz 2.3.1. *(algebraische Verknüpfung von Funktionen)*
Seien $f, g : \mathbb{D} \to \mathbb{R}$ zwei reelle Funktionen. Die folgenden **algebraischen Verknüpfungen** *von f und g sind dann wieder reelle Funktionen.*

1. $(f + g) : \mathbb{D} \to \mathbb{R}, \; x \mapsto (f+g)(x) = f(x) + g(x)$
2. $(f \cdot g) : \mathbb{D} \to \mathbb{R}, \; x \mapsto (f \cdot g)(x) = f(x) \cdot g(x)$
3. $\left(\frac{f}{g}\right) : \mathbb{D}_{(f/g)} \to \mathbb{R}, \; x \mapsto \left(\frac{f}{g}\right)(x) = \frac{f(x)}{g(x)},$
   mit $\mathbb{D}_{(f/g)} = \{x \in \mathbb{D}; g(x) \neq 0\}$

Im Gegensatz zur Komposition von Funktionen, entspricht deren Verkettung einer Hintereinanderausführung und setzt voraus, dass der Bildbereich der zuerst angewandten Funktion eine Teilmenge des Urbildbereiches der anschließend angewandten Funktion ist.[3]

[3] Im schulischen Kontext wird oft bei der Verkettung von Funktionen das Hauptaugenmerk auf das ineinander Einsetzen der Funktionsterme gelegt.

Satz 2.3.2. *(Verkettung von Funktionen)*
Seien f und g reelle Funktionen, für die gilt

$$\left.\begin{array}{l} f : \mathbb{D}_f \to \mathbb{W}_f \\ g : \mathbb{D}_g \to \mathbb{W}_g \end{array}\right\} \textit{ mit } \mathbb{W}_f \subseteq \mathbb{D}_g$$

Dann ist die verkettete Funktion

$$\begin{array}{rcl} (g \circ f) : \mathbb{D}_f & \to & \mathbb{W}_g \\ x & \mapsto & (g \circ f)(x) = g(f(x)) \end{array}$$

wieder eine reelle Funktion.

Bemerkungen 2.3.1.

- *Die Verkettung „$\circ$“ stellt selber eine Operation auf der Menge der reellen Funktionen dar.*
- *Man beachte, dass die Verkettung zweier Funktionen f und g (siehe Satz 2.3.2)* **keine** *kommutative Operation ist ($g \circ f \neq f \circ g$), wie das folgende Beispiel zeigt*

  $$f(x) = x^2\,,\; g(x) = x+4 \Rightarrow g(f(x)) = x^2+4 \neq (x+4)^2 = f(g(x))$$

- *Grafisch lässt sich die Verkettung von Funktionen durch ein Schaubild darstellen:*

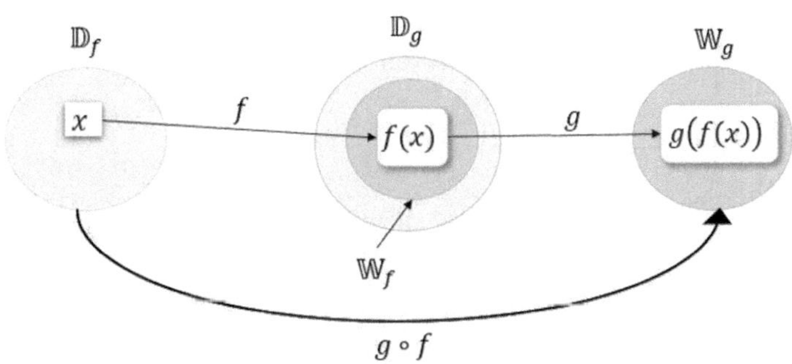

Abbildung 2.1: Verkettung von Funktionen

Die Verkettung von Funktionen findet sich u.a. in den Naturwissenschaften, so zum Beispiel in der Kinematik.

Beispiel 2.3.1. *(Verkettung in der Kinematik)*
Ist eine geradlinige gleichförmig beschleunigte Bewegung gegeben ($a \equiv$konst.), mit Anfangsort $s(t_0) = 0$ und Anfangsgeschwindigkeit $v(t_0) = 0$, so ist die Geschwindigkeit-Zeit-Abhängigkeit bei $t_0 = 0$ gegeben durch

$$v(t) = a \cdot t$$

Da folglich die Geschwindigkeit linear mit der Zeit anwächst, lässt sich die Abhängigkeit des Ortes von der Zeit (gemessen ab $t_0 = 0$) durch das Produkt aus mittlerer Geschwindigkeit und Zeit ausdrücken

$$s(t) = \bar{v}(t) \cdot (t - 0) = \frac{v(t) + v(0)}{2} \cdot (t - 0) = \frac{1}{2} \cdot v(t) \cdot t \tag{2.3}$$

Verkettet man jetzt durch Einsetzen von $v(t)$ in (2.3), erhält man die bekannt Ort-Zeit-Abhängigkeit

$$s(t) = \frac{1}{2} \cdot a \cdot t^2$$

Oft ist es in den Naturwissenschaften notwendig, eine Funktion auf ihrem Wertebereich oder auf einer Teilmenge von diesem umzukehren und so definiert man die Umkehrfunktion.

Definition 2.3.2. *(Umkehrfunktion)*
Sei $f : \mathbb{D} \to \mathbb{R}$ eine reelle Funktion und sei f auf $A \subseteq \mathbb{D}$ injektiv. Dann existiert zu f auf $f(A)$ eine **Umkehrfunktion** *f^{-1}, mit*

$$f^{-1} : f(A) \to A$$

Satz 2.3.3.
Existiert zu $f : A \to f(A)$ die Umkehrfunktion f^{-1}, so ist f^{-1} injektiv.

Korollar 2.3.1.
Seien $f : A \to f(A)$, mit $x \mapsto y = f(x)$ und die Umkehrfunktion $f^{-1} : f(A) \to A$ gegeben. Dann gilt [4]

$$\begin{aligned} (f^{-1} \circ f)(x) &= f^{-1}(f(x)) = x = id_x \\ (f \circ f^{-1})(y) &= f(f^{-1}(y)) = y = id_y \end{aligned}$$

[4] id_x und id_y bezeichnen jeweils die Identität.

Bemerkungen 2.3.2.

1. *Grafisch lässt sich die Umkehrfunktion einer Funktion durch ein Schaubild darstellen:*

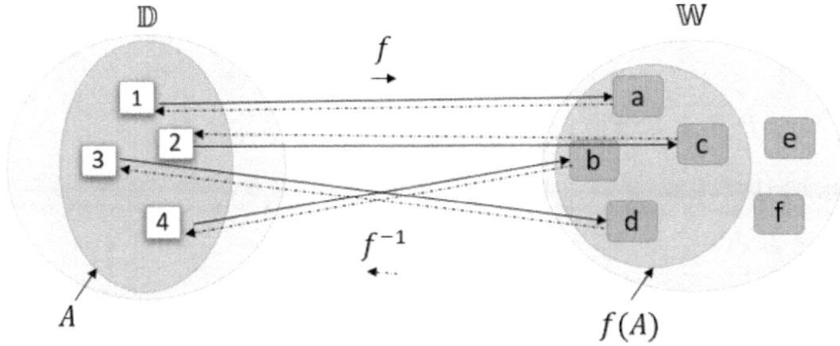

Abbildung 2.2: Umkehrfunktion einer Funktion

2. *In der Anwendung existieren bei reellen Funktionen zwei Darstellungen der Umkehrfunktion.*[5]
Sei eine Funktion $f : \mathbb{D} \to \mathbb{W}\,,\, x \mapsto y = f(x)$ *auf* $A \subseteq \mathbb{D}$ *injektiv.*

   (a) *Der Term der Umkehrfunktion:*
   Es ergibt sich der Funktionsterm der Umkehrfunktion, indem auf A *die Funktionsgleichung* $y = f(x)$ *nach* x *aufgelöst wird. Im entstandenen Zusammenhang* $x = f^{-1}(y)$ *vertauscht man anschließend formal die Variablenbezeichnungen* $(x \leftrightarrow y)$.

   (b) *Der Graph der Umkehrfunktion:*
   Es ergibt sich aus G_f*, dem Graph der Funktion über* A*, der Graph der Umkehrfunktion,* G_f^{-1}*, durch Spiegelung von* G_f *an der Hauptdiagonalen des ersten und dritten Quadraten, welche durch den Graph der Identität gegeben ist.*

3. *Bei der Bestimmung von Umkehrfunktionen kann man die Injektivität mit den aktuell verfügbaren Mitteln meist einfach nachprüfen. Anders verhält es sich bei der Surjektivität für die man bei den elementaren Funktionen den Begriff der Stetigkeit benötigt. Wir werden dies im Abschnitt 3.1 behandeln.*

[5]Dass beide Darstellungen auch zulässig sind, wird in Abschnitt 3.1 geklärt.

Beispiel 2.3.2. *(zur Umkehrfunktion)*
Die Funktion $f : \mathbb{R} \to \mathbb{R}\,,\ x \mapsto x^2$ *ist auf* $\mathbb{R}_0^+ \subset \mathbb{R} = \mathbb{D}$ *injektiv.*
Damit lässt sich der Term der Umkehrfunktion auf $\mathbb{R}_0^+$ *wie folgt bestimmen*

$$\begin{aligned} y &= x^2 & &|\sqrt{\cdot} \\ f^{-1}(y) = \sqrt{y} &= x & &|\, x \leftrightarrow y \\ f^{-1}(x) = \sqrt{x} &= y & & \end{aligned}$$

und der Graph der Umkehrfunktion ergibt sich zu:

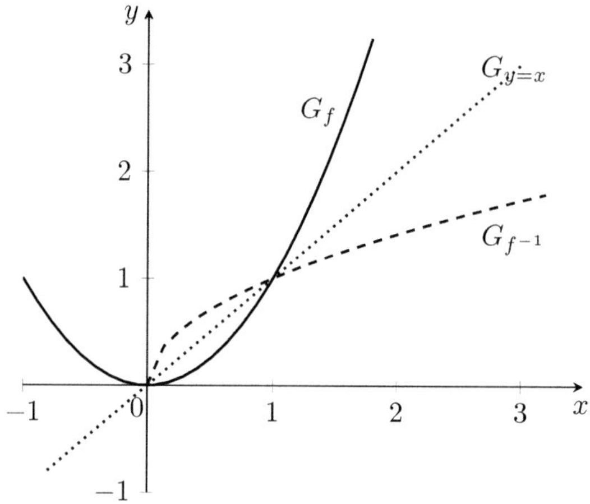

Neben Eigenschaften von Funktionen, wie Injektivität, Surjektivität, Existens einer Umkehrfunktion etc. können reelle Funktionen unter gegebenen Voraussetzungen auch auf spezielle Symmetrien hin untersucht werden.

Eine Kenntnis der Symmetrieeigenschaften einer gegebenen Funktion kann, oft zu einfachen Ergebnissen oder zu Vereinfachungen von Berechnungen führen.

Aus diesem Grund ist im Rahmen der Ingenieurwissenschaften das Wissen über die Symmetrieeigenschaften von bekannten Funktionen unerlässlich.

Definitionen 2.3.3. *(Symmetrien, gerade und ungerade)*
Sei $f : \mathbb{D} \to \mathbb{R}$ gegeben und $\mathbb{D}$ symmetrisch in $\mathbb{R}$, d. h.

$$\forall x \in \mathbb{D} \Rightarrow -x \in \mathbb{D}$$

Dann defniert man

1. *f heißt* **gerade** *auf $\mathbb{D}$ oder von gerader Symmetrie, falls*

$$f(-x) = f(x)$$

2. *f heißt* **ungerade** *auf $\mathbb{D}$ oder von ungerader Symmetrie, falls*

$$f(-x) = -f(x)$$

Bemerkungen 2.3.3.

- *Ist $f : \mathbb{D} \to \mathbb{R}$ auf $\mathbb{D}$ gerade (ungerade), so wird die Form des Graphen G_f über $\mathbb{D}$ als* **achsensymmetrisch** *zur Ordinate (***punktsymmetrisch** *zum Ursprung) bezeichnet.*
- *Ist nach den Symmetrieeigenschaften einer gegebenen Funktion gefragt, so bezieht sich die Frage nicht auf den Graphen der Funktion, sondern nur auf den Term der Funktion.*

Beispiele 2.3.3.
Die folgenden Funktionen seien alle auf $\mathbb{R}$ definiert.

- $f(x) = 3x^4 - 2x^{12} + 100$ *ist gerade, da*

$$\begin{aligned} f(-x) &= 3(-x)^4 - 2(-x)^{12} + 100 \\ &= 3x^4 - 2x^{12} + 100 = f(x) \end{aligned}$$

- $g(x) = \frac{6x^3}{x^2+1}$ *ist ungerade, da*

$$g(-x) = \frac{6(-x)^3}{(-x)^2+1} = -\frac{6x^3}{x^2+1} = -g(x)$$

- $|x|$ *ist gerade.*
- $sgn(x)$ *ist ungerade.*

Neben den Symmetriebegriffen zur Werteverteilung über einer gegebenen Definitionsmenge $\mathbb{D}$ sind auch Bezeichnungen für Funktionen einzuführen, deren Werte über $\mathbb{D}$ nur endlich groß oder klein werden können. Solche Funktionen heißen beschränkt und die Begriffsdefinitionen lauten:

Definitionen 2.3.4. *(Beschränktheit)*
Eine reelle Funktion $f : \mathbb{D} \to \mathbb{R}$ heißt

1. **nach oben beschränkt**

$$\Leftrightarrow \exists S_o \in \mathbb{R}\, \forall x \in \mathbb{D} : \ f(x) \leq S_o$$

2. **nach unten beschränkt**

$$\Leftrightarrow \exists S_u \in \mathbb{R}\, \forall x \in \mathbb{D} : \ f(x) \geq S_u$$

3. **beschränkt**

$$\Leftrightarrow \exists S \in \mathbb{R}\, \forall x \in \mathbb{D} : \ |f(x)| \leq S$$

Bemerkungen 2.3.4.

- *Die bei Untersuchungen der Beschränktheit zu bestimmenden Zahlen S_o, S_u, S (Definitionen 2.3.4) werden auch „obere Schranke"(S_o), „untere Schranke"(S_u) und „Schranke"(S) genannt.*

- *Ist eine Funktion beschränkt, mit der Schranke S, so lässt sich der Graph der Funktion innerhalb eines horizontalen Streifens in ein Koordinatensystem einzeichnen, wobei der obere Rand des Streifens bei S und der untere Rand bei $-S$ die Ordinate kreuzen.*

Beispiele 2.3.4.

- *Die Funktion $f : [-1, 1] \to \mathbb{R}$, $x \mapsto x^2$ ist nach unten beschränkt, z. B. mit der unteren Schranke $S_u = -1$, da für alle $x \in [-1, 1]$ gilt $f(x) \geq 0 > -1 = S_u$ und sie ist nach oben beschränkt, mit z. B. der oberen Schranke $S_o = 2,$, da für alle $x \in [-1, 1]$ gilt $f(x) \leq 1 < 2 = S_o$. Damit ist f beschränkt, z. B. mit der Schranke $S = 2 = S_o > |S_u|$, wegen $-2 < -1 < f(x) < 2$, $|f(x)| \leq 2$, für alle $x \in [-1, 1]$.*

- *Die Funktion $g : \mathbb{R}_0^- \to \mathbb{R}$, $x \mapsto x^3$ ist nach unten nicht beschränkt, da für jede untere Schranke $S_u \in \mathbb{R}^-$ gilt $g(S_u) = (S_u)^3 < S_u$.*

Für die Diskussion von Funktionen benötigen wir noch Begriffe, welche für Funktionen das Verhalten der Funktionswerte bei zunehmenden Argumentwerten auf einer Menge $A \subseteq \mathbb{D}$ bezeichnen.

Definitionen 2.3.5. *(Monotonie)*
Seien $f : \mathbb{D} \to \mathbb{R}$ eine reelle Funktion und $A \subseteq \mathbb{D}$ gegeben.

- *Dann heißt f* **streng monoton wachsend (s.m.w.)** *auf A, wenn für alle $x_1, x_2 \in A$, mit $x_1 < x_2$, folgt $f(x_1) < f(x_2)$*
- *Dann heißt f* **monoton wachsend (m.w.)** *auf A, wenn für alle $x_1, x_2 \in A$, mit $x_1 < x_2$, folgt $f(x_1) \leq f(x_2)$*
- *Dann heißt f* **monoton fallend (m.f.)** *auf A, wenn für alle $x_1, x_2 \in A$, mit $x_1 < x_2$, folgt $f(x_1) \geq f(x_2)$*
- *Dann heißt f* **streng monoton fallend (s.m.f.)** *auf A, wenn für alle $x_1, x_2 \in A$, mit $x_1 < x_2$, folgt $f(x_1) > f(x_2)$*

Bemerkung 2.3.5.
Die Zusammenhänge der strengen Monotonie aus Definitionen 2.3.5 lassen sich z. B. durch die folgenden Graphen visualisieren:

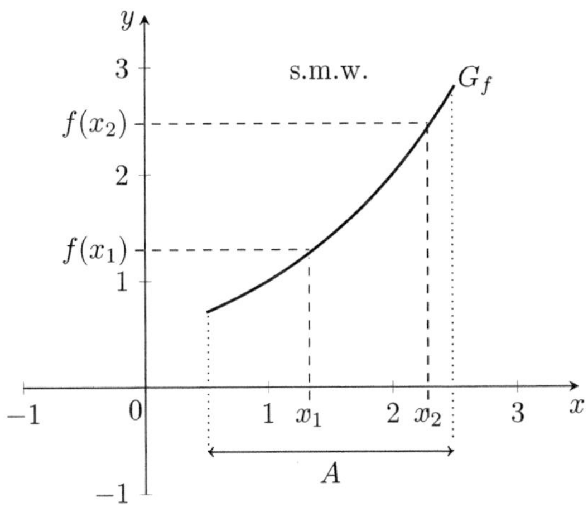

Abbildung 2.3: Streng monoton wachsende Funktion

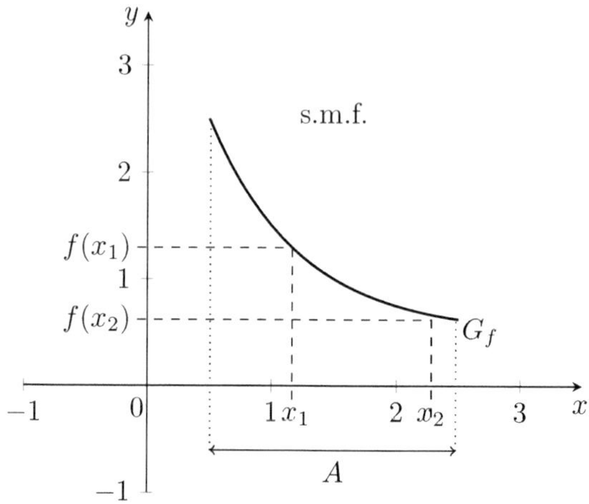

Abbildung 2.4: Streng monoton fallende Funktion

Damit stehen für die Beschreibung von Funktionen die notwendigen Begriffe zur Verfügung.

2.4 Spezielle Funktionen (Teil 1)

Das Wissen über Funktionen und deren Eigenschaften gehört zur Grundbildung in den Ingenieurwissenschaften, weshalb in diesem Kapitel die ersten relevanten Funktionen und deren wesentliche Eigenschaften behandelt werden.

2.4.1 Polynomfunktionen

Im Rahmen der schulischen Bildung werden üblicher Weise die in den Beispielen 2.2.3 benannten reellen Funktionen und deren Eigenschaften behandelt.
Diese reellen Funktionen sind Sonderfälle der Menge der Polynomfunktionen, bei denen das Argument der Funktion lediglich in endlichen Summen, Produkten oder Differenzen vorliegt.

Definition 2.4.1. *(Polynomfunktionen)*
Als **Polynomfunktionen vom Grad** n *bezeichnet man für* $n \in \mathbb{N}_0$ *Funktionen der Form*

$$P_n(x) = \sum_{k=0}^{n} a_k x^k = a_0 + a_1 x + a_2 x^2 + a_3 x^3 + ... + a_n x^n \quad (2.4)$$
$$(a_0, a_1, ..., a_n \in \mathbb{R}\; a_n \neq 0)$$

Diese werden auch **ganzrationale Funktionen** *genannt.*
Die Funktionsterme der rechten Seite heißen **Polynome vom Grad** n.

Bemerkungen 2.4.1. *(Terminologie)*

- *Die Zahlen* $a_0, a_1, ..., a_n \in \mathbb{R}$ *in (2.4) sind die reellen* **Koeffizienten** *des Polynoms.*
- *Der Koeffizient* a_n *in (2.4) wird als* **Leitkoeffizient** *bezeichnet.*
- *Der Koeffizient* a_0 *in (2.4) bezeichnet das* **konstante Glied** *(auch konstanter Summand genannt).*
- *Polynomfunktionen mit* $a_0 = a_1 = \ldots = a_{n-1} = 0$ *sind die aus der Schule bekannten* **Potenzfunktionen** $(P_n(x) = a_n \cdot x^n)$ *(siehe Abschnitt 2.4.3).*
- *Die Polynomfunktion mit* $a_i = 0$ *für alle* $i = 0, \ldots, n$ *heißt die* **Nullfunktion** *oder das Nullpolynom,* $P_n(x) = 0$.

Für den Grad einer Polynomfunktion P_n wird die folgende Abbildung definiert.

Definition 2.4.2. *(Grad)*
Sei $P_n(x) = \sum_{k=0}^{n} a_k x^k$ *eine Polynomfunktion mit* $n \in \mathbb{N}_0$. *Dann definiert man*

$$grad(P_n) = \begin{cases} n & P_n \neq 0 \\ -\infty & P_n = 0 \end{cases}$$

Bemerkungen 2.4.2.
Aus der Definition 2.4.2 folgt unmittelbar

- $grad(P_n) + grad(P_m) \leq \max\{m, n\}$
- $grad(P_n) \cdot grad(P_m) = m + n$

Die Eigenschaften von Polynomfunktionen hängen im Wesentlichen vom Grad, also vom größten Exponenten, der jeweiligen Funktion und von den Koeffizienten und ihren Vorzeichen ab. Allgemeine Eigenschaften existieren überschaubar wenige.

Proposition 2.4.1. *(Eigenschaften von Polynomfunktionen)*

- *Alle Polynomfunktionen besitzen den maximalen Definitionsbereich* $\mathbb{D}_{max} = \mathbb{R}$
- *Polynomfunktionen, in denen nur gerade Exponenten auftreten, sind gerade.*
- *Polynomfunktionen ohne konstantes Glied, in denen nur ungerade Exponenten auftreten, sind ungerade.*
- *Polynomfunktionen ungeraden Grades sind unbeschränkt.*
- *Polynomfunktionen geraden Grades sind nach oben oder unten unbeschränkt.*
- *Potenzfunktionen ungeraden Grades besitzen eine eindeutige Monotonie.*

Es folgen noch wichtige Sätze, in welchen weitere Eigenschaften zu Polynomfunktionen formuliert sind. Die Beweise sind Teil der Übungen.

Satz 2.4.1. *(Identitätssatz für Polynomfunktionen)*
Seien P_n und P_m zwei Polynomfunktionen, mit $m \leq n$ und

$$P_n(x) = \sum_{i=0}^{n} a_i x^i \ , \ P_m(x) = \sum_{i=0}^{m} b_i x^i$$

Gilt nun $P_n(x) = P_m(x)$ für alle $x \in \mathbb{R}$, dann folgt $a_i = b_i$ für $i = 0, \dots, m$ und $a_i = 0$ für $i = m+1, \dots, n$.

Gerade der Identitätssatz für Polynomfunktionen ermöglicht es oft, bei einer Polynomfunktion P_n mit unbekannten Koeffizienten a_i, diese a_i zu bestimmen, wenn die Polynomfunktion P_n zu einer zweiten, Polynomfunktion mit bekannten Koeffizienten gleichgesetzt werden kann.

Diese Vergleichsmöglichkeit von Polynomfunktionen findet z. B. bei der Methode der Partialbruchzerlegung für gebrochenrationale Funktionen (siehe 2.4.2) Anwendung.

Satz 2.4.2.
Für jede Polynomfunktion P_n ungeraden Grades existiert mindestens ein Argumentwert $\xi \in \mathbb{R}$, mit $P_n(\xi) = 0$.

Satz 2.4.3.
Besitzt eine Polynomfunktion P_n eine reelle Nullstelle $\xi \in \mathbb{R}$, $P_n(\xi) = 0$, so lässt sich der Linearfaktor $(x - \xi)$ aus $P_n(x)$ ausklammern und es folgt

$$P_n(x) = (x - \xi) \cdot \hat{p}_{n-1}(x)$$

mit einem Polynom $\hat{p}_{n-1}$ vom Grad $(n - 1)$.

Definition 2.4.3.
Man sagt, eine Polynomfunktion P_n besitzt eine reelle Nullstelle $\xi \in \mathbb{R}$ der Vielfachheit $r \in \mathbb{N}$, wenn sich der r-fache Linearfaktor $(x - \xi)^r$ aus $P_n(x)$ ausklammern lässt und es folgt

$$P_n(x) = (x - \xi)^r \cdot \tilde{p}_{n-r}(x)$$

mit einem Polynom $\tilde{p}_{n-r}$ vom Grad $(n - r)$ und $\tilde{p}_{n-r}(\xi) \neq 0$.

Satz 2.4.4. *(Faktorisierungssatz für reelle Polynome)*
Besitzt eine Polynomfunktion P_n, grad$(P_n) \geq 1$, die k reellen Nullstellen $\xi_1, \ldots, \xi_k \in \mathbb{R}$ der jeweiligen Vielfachheiten $r_1, \ldots, r_k \in \mathbb{N}$. Dann lässt sich P_n wie folgt faktorisieren

$$\begin{aligned} P_n(x) &= a_0 + a_1 x + a_2 x^2 + a_3 x^3 + \ldots + a_n x^n \\ &= a_n \cdot (x - \xi_1)^{r_1} \cdot \ldots \cdot (x - \xi_k)^{r_k} \\ &\quad \cdot (x^2 + b_1 x + c_1)^{s_1} \cdot \ldots \cdot (x^2 + b_t x + c_t)^{s_t} \end{aligned} \tag{2.5}$$

Dabei stehen in (2.5) die Ausdrücke $(x^2 + b_i x + c_i)^{s_i}$, mit den Koeffizienten $b_i, c_i \in \mathbb{R}$ und den Vielfachheiten $s_i \in \mathbb{N}$ $(i = 1, \ldots, t \in \mathbb{N})$, für quadratische Polynome ohne reelle Nullstellen.

Bemerkung 2.4.3.
Eine Polynomfunktion P_n, die in n Linearfaktoren zerfällt, bezeichnet man auch als vollständig **reduzibel**, *eine Polynomfunktion P_n, die in weniger als n Linearfaktoren zerfällt, als* **irreduzibel**.

Beispiel 2.4.1.
Gegeben sei die Polynomfunktion $P_3(x) = 5x^3 + 20x^2 + 15x$.
Dann ist P_3 unbeschränkt, weder eine gerade noch ungerade Funktion, ihr Graph besitzt auf $\mathbb{R}$ keine Symmetrie und P_3 ist vollständig reduzibel, mit der folgenden Faktorisierung:

$$P_3(x) = 5 \cdot (x - 0) \cdot (x - (-1)) \cdot (x - (-3)) = 5x(x + 1)(x + 3)$$

2.4.2 gebrochenrationale Funktionen

Bildet man den Quotienten zweier Polynomfunktionen (ganzrationaler Funktionen), so bezeichnet man die entstehende Funktion als gebrochenrational und definiert

Definition 2.4.4. *(gebrochenrationale Funktion)*
Seien $p_n(x)$ und $q_m(x)$ zwei reelle Polynome ($q_m(x) \neq 0$) dann bezeichnet

$$f(x) = \frac{p_n(x)}{q_m(x)} = \frac{a_n x^n + a_{n-1}x^{n-1} + \ldots + a_1 x + a_0}{b_m x^m + b_{m-1}x^{m-1} + \ldots + b_1 x + b_0} \tag{2.6}$$

eine aus p_n und q_m entstandene **gebrochenrationale Funktion**.

Bemerkungen 2.4.4.

- *Der maximale Definitionsbereich von f in (2.6) ist gegeben durch*

$$D_{max} = \{x \in \mathbb{R}; q_m(x) \neq 0\}$$

- *Für $m > n$ bezeichnet man f in (2.6) als* **echt gebrochenrationale Funktion**.
  Für $m \leq n$ wird f auch „**unecht gebrochenrational**“ *genannt.*

- *Für $m = n = 1$ bezeichnet man f in (2.6) als* **gebrochenlineare Funktion**.

Satz 2.4.5. *(Abspaltung des echt gebrochenrationalen Anteils)*
Jede nicht echt gebrochenrationale Funktion ($n \geq m$), wie in (2.6), lässt sich immer als Summe aus einem Polynom und einem echt gebrochenrationalen Anteil darstellen.
Mit anderen Worten, zu $f(x) = \frac{p_n(x)}{q_m(x)}$ existieren Polynome p_k und p_s ($-\infty \leq s < m$), so dass

$$f(x) = \frac{p_n(x)}{q_m(x)} = p_k(x) + \frac{p_s(x)}{q_m(x)}$$

Bemerkung 2.4.5.
Die Abspaltung des echt gebrochenrationalen Anteils nach Satz 2.4.5 kann zum Beispiel mit der aus der schulischen Ausbildung bekannten Methode der **Polynomdivision mit Rest** *erzeugt werden.*

Für die spätere Anwendung, insbesondere im Rahmen der Integralrechnung, behandeln wir noch die sehr nützliche Methode zur Zerlegung des Terms einer gebrochenrationalen Funktion in eine Anzahl von echt gerochenrationalen Summanden.

Satz 2.4.6. *(Partialbruchzerlegung: PBZ)*
Sei $f(x) = \frac{p_n(x)}{q_m(x)}$ eine echt gebrochenrationale Funktion und sei die Faktorisierung des Nennerpolynoms bekannt: [6]

$$\begin{aligned} q_m(x) &= a_m \cdot (x-\xi_1)^{r_1} \cdot \ldots \cdot (x-\xi_k)^{r_k} \\ &\quad \cdot (x^2+b_1x+c_1)^{s_1} \cdot \ldots \cdot (x^2+b_tx+c_t)^{s_t} \end{aligned} \tag{2.7}$$

Dann existiert die folgende Zerlegung in Partialbrüche für die gebrochenrationale Funktion f:

$$\begin{aligned} f(x) &= \frac{A_{(1,1)}}{(x-\xi_1)} + \frac{A_{(1,2)}}{(x-\xi_1)^2} + \ldots + \frac{A_{(1,r_1)}}{(x-\xi_1)^{r_1}} + \\ &\quad \vdots \\ &\quad \frac{A_{(k,1)}}{(x-\xi_k)} + \frac{A_{(k,2)}}{(x-\xi_k)^2} + \ldots + \frac{A_{(k,r_k)}}{(x-\xi_k)^{r_k}} + \\ &\quad \frac{B_{(1,1)} \cdot x + C_{(1,1)}}{(x^2+b_1x+c_1)} + \ldots + \frac{B_{(1,s_1)} \cdot x + C_{(1,s_1)}}{(x^2+b_1x+c_1)^{s_1}} + \\ &\quad \vdots \\ &\quad \frac{B_{(t,1)} \cdot x + C_{(t,1)}}{(x^2+b_tx+c_t)} + \ldots + \frac{B_{(t,s_t)} \cdot x + C_{(t,s_t)}}{(x^2+b_tx+c_t)^{s_t}} \end{aligned} \tag{2.8}$$

Mit $A_{(.,.)}, B_{(.,.)}, C_{(.,.)} \in \mathbb{R}$.

Bemerkung 2.4.6.
In (2.8) bezieht sich der erste Eintrag des jeweiligen Index der Koeffizienten A, B, C auf den Index der Konstanten des Nennerpolynoms und der zweite Index auf den jeweiligen Exponenten des Nennerpolynoms, so werden z. B. $A_{(3,5)}$ der Nullstelle ξ_3 und der Potenz 5 in $\frac{A_{(3,5)}}{(x-\xi_3)^5}$ zugeordnet und bei den Summanden mit unzerlegbarem quadratischem Nennerpolynom $B_{(5,2)}, C_{(5,2)}$ dem Polynom mit den Koeffizienten b_5, c_5 und der Potenz 2 in $\frac{B_{(5,2)} \cdot x + C_{(5,2)}}{(x^2+b_5x+c_5)^2}$.

[6] In (2.7) sind die ξ_i, $i = 1, \ldots, k$, die reellen Nullstellen von q_m, mit den jeweiligen Vielfachheiten r_i, b_j, c_j die reellen Koeffizienten in den quadratischen unzerlegbaren Faktoren, welche mit den jeweiligen Vielfachheiten s_j auftreten, $j = 1, \ldots, t$ und a_m ist der Leitkoeffizient von q_m.

Beispiele 2.4.2.

1. *PBZ: Eine echt gebrochenrationale Funktion mit vollständig reduziblem Nennerpolynom*

$$f(x) = \frac{1}{1-x^2}$$

Bestimmungsschritte zur PBZ:

(a) *Bestimmung der Nullstellen des Nennerpolynoms und Faktorisierung von $Q(x)$:* $1 - x^2 = 0 \Leftrightarrow x_{1,2} = \pm 1$

$$f(x) = \frac{1}{(1+x)(1-x)}$$

(b) *Ansatz und Multiplikation mit dem Hauptnenner:*

$$\begin{aligned} f(x) &= \frac{A}{1+x} + \frac{B}{1-x} = \frac{A(1-x) + B(1+x)}{(1+x)(1-x)} \\ &= \frac{(A+B) + (B-A)\cdot x}{1-x^2} \stackrel{!}{=} \frac{1}{1-x^2} \\ &\Leftrightarrow (A+B) + (B-A)\cdot x = 1 \end{aligned}$$

(c) *Koeffizientenvergleich:*
$A + B = 1,\ B - A = 0 \Rightarrow A = B = \frac{1}{2}$

(d) *PBZ:*

$$f(x) = \frac{1}{1-x^2} = \frac{1}{2(1+x)} + \frac{1}{2(1-x)}$$

2. *PBZ: Ein reduzibles Nennerpolynom mit vielfachen Nullstellen:*

$$f(x) = \frac{3x^4 - 9x^3 + 4x^2 - 34x + 1}{(x-2)^3(x+3)^2}$$

Ansatz:

$$f(x) = \frac{A_1}{(x-2)^3} + \frac{A_2}{(x-2)^2} + \frac{A_3}{(x-2)} + \frac{B_1}{(x+3)^2} + \frac{B_2}{(x+3)}$$

Multiplikation mit dem Hauptnenner und Koeffizientenvergleich liefern das folgende LGS:

$$\begin{aligned} A_1 + 4A_2 - 11A_3 - 6B_1 - 6B_2 &= 4 \\ 6A_1 - 3A_2 - 12A_3 + 12B_1 + 28B_2 &= -34 \\ 9A_1 - 18A_2 + 36A_3 - 8B_1 - 24B_2 &= 1 \\ A_2 + 2A_3 + B_1 - 3B_2 &= -9 \\ A_3 + B_2 &= 3 \end{aligned}$$

Als Lösung des LGS erhält man

$$A_1 = -3, A_2 = 0, A_3 = 1, B_1 = -5, B_2 = 2$$

und damit die PBZ von f

$$f(x) = \frac{-3}{(x-2)^3} + \frac{1}{(x-2)} - \frac{5}{(x+3)^2} + \frac{2}{(x+3)}$$

3. *PBZ: Ein irreduzibles Nennerpolynom mit Nullstelle:*

$$\begin{aligned} f(x) &= \frac{7x^2 - 19x + 30}{x^3 - 6x^2 + 10x} = \frac{7x^2 - 19x + 30}{x\underbrace{(x^2 - 6x + 10)}_{>0}} \\ &= \frac{A}{x} + \frac{Bx + C}{x^2 - 6x + 10} \end{aligned}$$

Multiplikation mit dem Hauptnenner und Koeffizientenvergleich liefern das folgende LGS:

$$A + B = 7\ ,\ C - 6A = -19\ ,\ 10A = 30$$

mit der Lösung $A = 3,\ B = 4,\ C = -1$ *woraus die PBZ folgt:*

$$f(x) = \frac{3}{x} + \frac{4x - 1}{x^2 - 6x + 10}$$

4. *PBZ: Ein Nennerpolynom, welches nur in quadratische Faktoren ohne Nullstellen zerlegbar ist:*

$$f(x) = \frac{6x^3 + 13x^2 + 101x - 7}{\underbrace{(x^2 + 1)}_{>0}\underbrace{(x^2 + 4x + 20)}_{>0}}$$

Ansatz:

$$f(x) = \frac{Ax + B}{x^2 + 1} + \frac{Cx + D}{x^2 + 4x + 20}$$

Multiplikation mit dem Hauptnenner ergibt:

$$(Ax+B)(x^2+4x+20)+(Cx+D)(x^2+1) = 6x^3+13x^2+101x-7 \tag{2.9}$$

Alternativ zum Koeffizientenvergleich führt das Einsetzen von Werten in (2.9) auf ein lösbares LGS:

$$\begin{aligned}
x = 0: &\qquad -7 = 20B + D\\
x = 1: &\qquad 113 = (A + B) \cdot 25 + (C + D) \cdot 2\\
x = -1: &\qquad -101 = (-A + B) \cdot 17 + (-C + D) \cdot 2\\
x = 2: &\qquad 295 = (2A + B) \cdot 32 + (2C + D) \cdot 5
\end{aligned}$$

Als Lösung des LGS ergibt sich: $A = 5,\ B = 0,\ C = 1,\ D = -7$ *und somit die PBZ:*

$$f(x) = \frac{6x^3 + 13x^2 + 101x - 7}{(x^2 + 1)(x^2 + 4x + 20)} = \frac{5x}{x^2 + 1} + \frac{x - 7}{x^2 + 4x + 20}$$

Bevor wir uns mit weiteren Funktionen befassen, bei denen die Variable nicht Basis einer Potenz ist, werden wir im Folgenden noch auf den in Bemerkungen 2.4.1 benannten Spezialfall von Polynomfunktionen als Wiederholung von Grundwissen eingehen.

2.4.3 Potenz- und Wurzelfunktionen

Wie aus der Schule bekannt ist, wird ein Ausdruck der Gestalt a^b Potenz mit der Basis a und dem Exponenten b genannt.

Definition 2.4.5. *(Potenzfunktion)*
Eine Funktion mit dem Term

$$f(x) = x^w$$

mit $w \in \mathbb{R}$ *und maximaler Definitionsmenge wird allgemein als* **Potenzfunktion** *bezeichnet.*

Je nach Wahl von w besitzt die Potenzfunktion eine individuelle Definitionsmenge und Eigenschaften. Wir betrachten daher die folgenden Fälle.

1. $w \in \mathbb{N}$:
   (a) $f(x) = x^w = \underbrace{x \cdot \ldots \cdot x}_{w-\text{mal}}$, mit $\mathbb{D}_{max} = \mathbb{R}$
   (b) $w = 1 \Rightarrow f(x) = x$
   (c) Ist w ungerade, so ist f unbeschränkt und besitzt eine eindeutige Monotonie.
   (d) Die Graphen von f werden **Parabeln** genannt.
2. $w \in \mathbb{Z} \setminus \mathbb{N}$:
   (a) $f(x) = x^w = x^{-|w|} = \frac{1}{x^{|w|}}$, mit $\mathbb{D}_{max} = \mathbb{R}^*$
   (b) $w = 0 \Rightarrow f(x) = 1$ für $x \in \mathbb{R}$, wobei $0^0 = 1$ gesetzt wird.
   (c) Ist w ungerade, so ist f unbeschränkt und besitzt eine eindeutige Monotonie.
   (d) Die Graphen von f werden **Hyperbeln** genannt.
3. $w \in \mathbb{Q} \setminus \mathbb{Z}$:
   (a) $f(x) = x^w = x^{\frac{m}{n}} = \left(x^{\frac{1}{n}}\right)^m$, $m \in \mathbb{Z}$, $n \in \mathbb{N}$. Damit muss nur noch der Fall $x^{\frac{1}{n}}$ betrachtet werden.
   (b) Für $f(x) = x^n$, $n \in \mathbb{N}$, besitzt f auf $\mathbb{R}_0^+$ eine eindeutige Monotonie und die Umkehrfunktion $f^{-1}(x) = x^{\frac{1}{n}}$ erbt die Monotonie von f.
   (c) $f(x) = x^{\frac{1}{n}} =: \sqrt[n]{x}$, mit $\mathbb{D}_{max} = \mathbb{R}_0^+$ wird **Wurzelfunktion** oder **Funktion der n-ten Wurzel** genannt und besitzt eine untere Schranke.
   (d) Ist n ungerade, kann der maximale Definitionsbereich wegen $f(x) = x^{\frac{1}{n}} = \operatorname{sgn}(x) \cdot \sqrt[n]{|x|}$ auf ganz $\mathbb{R}$ erweitert werden.
4. $w \in \mathbb{R} \setminus \mathbb{Q}$:
   (a) $f(x) = x^w$ mit irrationalem w muss im Funktionswert approximiert werden. Dabei kann w immer als Grenzwert einer Folge rationaler Zahlen, $(w_n)_{n \in \mathbb{N}} \subset \mathbb{Q}$ dargestellt werden:
   $$\lim_{n \to \infty} w_n = w$$
   (b) Für $f_n(x) = x^{w_n}$, $n \in \mathbb{N}$, folgt $\mathbb{D}_{max} = \mathbb{R}^+$ und f_n besitzt eine eindeutige Monotonie.
   (c) Es folgt $f(x) = \lim_{n \to \infty} f_n(x) = x^w$ für alle $x \in \mathbb{R}^+$.

Bemerkungen 2.4.7.

- *Die Fälle* $w \notin \mathbb{Z}$ *stehen hier noch ohne Beweis und zudem sind folgende Aspekte noch ungeklärt und müssen bewiesen werden:*

    1. *Existiert die Umkehrfunktion zu* $f(x) = x^n$, $n \in \mathbb{N}$, *immer und wie wird sie gebildet?*
    2. *Kann der Grenzwert* $f(x) = \lim_{n\to\infty} f_n(x) = x^w$ *überhaupt bestimmt werden?*

- *Es gelten die üblichen Potenzrechenregeln und Schreibvereinbarungen (auf den jeweiligen Definitionsbereichen):*

$$\begin{array}{rclrcl} x^n \cdot x^m & = & x^{n+m} & (x^n)^m & = & x^{n\cdot m} \\ x^{n^m} & = & x^{(n^m)} & x_1^n \cdot x_2^n & = & (x_1 \cdot x_2)^n \\ x^0 & = & 1 & x^{-1} & = & \frac{1}{x} \\ x^{\frac{1}{n}} & = & \sqrt[n]{x} & x^{\frac{1}{2}} & = & \sqrt{x} \end{array}$$

- *Die Graphen aller Potenzfunktionen füllen fast den gesamten ersten Quadranten des ebenen Koordinatensystems aus:*

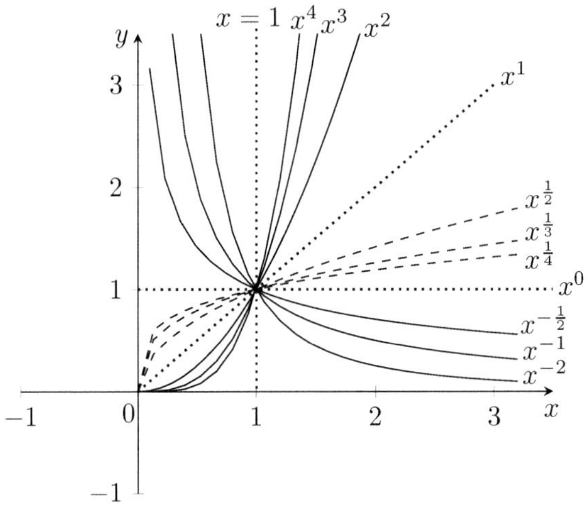

Abbildung 2.5: Graphen von Potenzfunktionen

2.4.4 Kurzaufgaben zum Verständnis

1. Sind $f, g : [a, b] \longrightarrow \mathbb{R}$ Funktionen, wobei f und g monoton wachsend sind, dann ist $f \cdot g$ auch monoton wachsend.

   □ wahr □ falsch

2. Ist $f : \mathbb{R} \longrightarrow \mathbb{R}$ ungerade, dann ist $g : \mathbb{R} \longrightarrow \mathbb{R}$ mit $g(x) = \Big(f(x)\Big)^2$ gerade

   □ wahr □ falsch

3. Ist $f : \mathbb{R} \setminus \{0\} \longrightarrow \mathbb{R}$ mit $f(x) = |x|^{\frac{1}{m}}$, so ist f gerade, genau dann wenn $m \in \mathbb{Z}$ gerade ist

   □ wahr □ falsch

4. Ist $f(x) = \frac{q(x)}{p(x)}$ mit p, q Polynome, $\text{grad}(q)<\text{grad}(p)$, so kann man immer reelle Zahlen $A_1, \ldots A_k$ finden, so dass $f(x) = \sum_{i=1}^{k} \frac{A_i}{x-x_i}$, wobei $x_1, \ldots, x_k$ die Nullstellen von p sind.

   □ wahr □ falsch

5. Ist $f(x) = x^m$ mit $m \in \mathbb{Z}$, so ist f immer genau dann umkehrbar auf dem Wertebereich, wenn m ungerade ist.

   □ wahr □ falsch

6. Ist $f(x) = x^m$ mit $m \in \mathbb{R}$, so ist die Menge, welche im ersten Quadranten nicht von den Graphen von f überdeckt werden kann, beschrieben durch eine Gerade zur Gleichung $y = m \cdot x + b$, mit einer speziellen Wahl von $m, b \in \mathbb{R}$.

   □ wahr □ falsch

2.4.5 Übungen

Lösungsvideos zu den Übungen können auf www.lsgn24h.de über die Eingabe des Lösungscodes abgerufen werden.

Kl A:

1. Bestimmen Sie jeweils den maximalen Definitonsbereich und vereinfachen Sie die Terme der folgenden Funktionen.

   (a)

$$W_1(x) = \frac{\sqrt{x^2\sqrt{x}}}{\sqrt{x\cdot\sqrt[7]{x^3\sqrt{x}\sqrt{x}}}} : \frac{\sqrt{\frac{x\sqrt{x}}{\sqrt{x^4\cdot\sqrt{x}}}\cdot\sqrt{x}}}{\sqrt{x\cdot\sqrt[5]{x}}}$$

(Lösungscode: SB04SF1A001)

   (b)

$$W_2(x) = \frac{1-x}{\frac{x-1}{x+1}-1} : \frac{x+1}{1+\frac{1-x}{x}}$$

(Lösungscode: SB04SF1A002)

2. Seien f und g zwei reelle Funktionen, wobei f gerade und g ungerade ist. Zeigen Sie $(f(x))^2$ und $(g(x))^2$ sind gerade und $f(x)\cdot g(x)$ ist ungerade.

(Lösungscode: SB04SF1A003)

3. Welche der folgenden Funktionen besitzen welche Symmetrieeigenschaften?

   (a)

$$f_i(x) = 2x^3 - x$$

(Lösungscode: SB04SF1A004)

   (b)

$$f_{ii}(x) = \frac{x}{x^3-2x+5}$$

(Lösungscode: SB04SF1A005)

   (c)

$$f_{iii}(x) = \frac{\sqrt{x^2+2}}{x^5-4x^3}$$

(Lösungscode: SB04SF1A006)

Kl B:

1. Argumentieren Sie, weshalb der Wert des Terms „0^0" mehrdeutig sein muss (ohne konkreten Beweis).

   (Lösungscode: SB04SF1B001)

2. Zeigen Sie, dass die folgende Funktion beschränkt ist

   $$f(x) = \frac{12}{x^2 + 1}$$

   und finden Sie eine Schranke für f. Welches Monotonieverhalten zeigt die Funktion auf $\mathbb{R}^+$?

   (Lösungscode: SB04SF1B002)

3. Seien die folgenden Funktionsterme $f(x) = x^2 - 3$ und $g(x) = x + x^3$ gegeben. Bestimmen Sie die Symmetrie der folgenden Kompositionen $f \pm g$, $f \cdot g$, $f \circ g$ und bestimmen Sie, wenn möglich, den Term der Umkehrfunktion zu $\frac{g(x)}{f(x) \cdot x}$.

   (Lösungscode: SB04SF1B003)

4. Bestimmen Sie jeweils eine vollständige Faktorisierung der gegebenen Polynomfunktionen:

   (a) $h_i(x) = x^3 - x^2 + x - 1$

   (Lösungscode: SB04SF1B004)

   (b) $h_{ii}(x) = 6x^4 + 3x^3 - 9x^2 + 6x - 6$

   (Lösungscode: SB04SF1B005)

   (c) $h_{iii}(x) = x^6 - 1$

   (Lösungscode: SB04SF1B006)

5. Bestimmen Sie jeweils die Partialbruchzerlegung zu den gegebenen gebrochenrationalen Funktionen:

   (a)
   $$g_i(x) = \frac{x^2+1}{x^2-1}$$
   (Lösungscode: SB04SF1B007)

   (b)
   $$g_{ii}(x) = \frac{x^5+4x+2}{x^2+x-1}$$
   (Lösungscode: SB04SF1B008)

   (c)
   $$g_{iii}(x) = \frac{4x+2}{x^3+x^2+x+1}$$
   (Lösungscode: SB04SF1B009)

   (d)
   $$g_{iv}(x) = \frac{x^5-1}{x^2-6x+5}$$
   (Lösungscode: SB04SF1B010)

   (e)
   $$g_v(x) = \frac{1}{x^3-x^2+x-1}$$
   (Lösungscode: SB04SF1B011)

   (f)
   $$g_{vi}(x) = \frac{x^4-3x+2}{x^4-81}$$
   (Lösungscode: SB04SF1B012)

Kl C:

1. Es seien $f : I \longrightarrow \mathbb{R}$ und $I \subset \mathbb{R}$ ein Intervall. Zeigen Sie: f ist injektiv, wenn f streng monoton ist.

   (Lösungscode: SB04SF1C001)

2. Es sei $f : \mathbb{R}^+ \longrightarrow \mathbb{R}$ eine Funktion mit den Eigenschaften:

   I) $\forall\ x, y \in \mathbb{R}^+ :\ f(x \cdot y) = f(x) + f(y)$

   II) $\forall\ x \in \mathbb{R}^+ :\ f(x) \leq x - 1$

   Zeigen Sie für $x, y \in \mathbb{R}^+$:

   (a) $f(1) = 0$.

   (Lösungscode: SB04SF1C002)

   (b) $f\left(\frac{1}{x}\right) = -f(x)$.

   (Lösungscode: SB04SF1C003)

   (c) $f(x^2) = 2f(x)$.

   (Lösungscode: SB04SF1C004)

   (d) Mittels vollständiger Induktion gilt: $f(x^n) = n \cdot f(x)$.

   (Lösungscode: SB04SF1C005)

   (e) Mit (d) folgt $\forall\ n \in \mathbb{N} :\ f(y) = n \cdot f\left(y^{\frac{1}{n}}\right)$.

   (Lösungscode: SB04SF1C006)

   (f) Mit (e) und (d) und $z \in \mathbb{R}^+$ ergibt sich:

   $$f\left(z^{\frac{m}{n}}\right) = \frac{m}{n} \cdot f(z)$$

   für alle $m, n \in \mathbb{N}$.
   Folgern Sie mit (b) daraus für eine Funktion, die I) erfüllt:
   $\forall\ x \in \mathbb{R}^+\ \forall\ q \in \mathbb{Q} :\ f(x^q) = q \cdot f(x)$

   (Lösungscode: SB04SF1C007)

   (g) Mit (b) und II) erhält man:

   $$\forall\ z \in \mathbb{R}^+ :\ -f(z) = f\left(\frac{1}{z}\right) \leq \frac{1}{z} - 1$$

   (Lösungscode: SB04SF1C008)

   (h) Und schließlich:

   $$\forall\ z \in \mathbb{R}^+ :\ 1 - \frac{1}{z} \leq f(z) \leq z - 1.$$

   (Lösungscode: SB04SF1C009)

Kl D:

1. Fortsetzung von: Sei $f : \mathbb{R}^+ \longrightarrow \mathbb{R}$ eine Funktion mit den Eigenschaften:

   I) $\forall\ x, y \in \mathbb{R}^+ :\ f(x \cdot y) = f(x) + f(y)$

   II) $\forall\ x \in \mathbb{R}^+ :\ f(x) \leq x - 1$

   (a) Sei $x \in \mathbb{R}^+$. Dann definieren Sie für $k \in \mathbb{N}$:

   $$g_k(x) = 2^k \left(1 - \frac{1}{x^{\frac{1}{2k}}}\right) \qquad h_k(x) = 2^k \left(x^{\frac{1}{2k}} - 1\right)$$

   Zeigen Sie für festes $x \in \mathbb{R}^+$:

   - Die Folge $(g_k(x))$ ist monoton wachsend und die Folge $(h_k(x))$ ist monoton fallend.
     (Tipp: Verwenden Sie die Substitution $y_k = x^{\frac{1}{2k}}$)

     (Lösungscode: SB04SF1D001)

   - $$\lim_{k\to\infty} (h_k(x) - g_k(x)) = 0$$

     (Tipp: verwenden Sie $\lim_{k\to\infty} y_k = 1$)

     (Lösungscode: SB04SF1D002)

   - $$f(x) = \lim_{k\to\infty} h_k(x)$$

     (Lösungscode: SB04SF1D003)

   (b) Schließen Sie aus den vorhergehenden Aufgaben:
   Es gibt genau eine Funktion $f : \mathbb{R}^+ \longrightarrow \mathbb{R}$, welche die Eigenschaften I) und II) erfüllt.

   (Lösungscode: SB04SF1D004)

   (c) Für eine Funktion, die I) und II) erfüllt, setze man

   $$z = x^{\frac{1}{n}},\ x \in \mathbb{R}^+$$

   Zeigen Sie, dass dann gilt:

   $$1 - x^{-\frac{1}{n}} \leq f(x) \leq x^{\frac{1}{n}} - 1$$

   und

   $$n\left(1 - \frac{1}{x^{\frac{1}{n}}}\right) \leq f(x) \leq n\left(x^{\frac{1}{n}} - 1\right)$$

   (Lösungscode: SB04SF1D005)

2. Eine Funktion $f : I \longrightarrow \mathbb{R}$, die auf einem Intervall $I \subset \mathbb{R}$ definiert ist, nennt man **konvex**, wenn

$$\forall\, x, y \in I\,,\ \forall\, \lambda \in [0,1]:$$

$$f(\lambda x + (1-\lambda)y) \leq \lambda f(x) + (1-\lambda) f(y)$$

Ist nun g die Verbindungsstrecke zwischen zwei Punkten $(x, f(x))$ und $(y, f(y))$ auf dem Graphen einer konvexen Funktionen f, so geben Sie mit Beweis an, wie g zum Verbindungsstück des Graphen zwischen $(x, f(x))$ und $(y, f(y))$ liegt.

(Lösungscode: SB04SF1D006)

2.5 Potenzreihen

Funktionen, deren Terme aus Polynomen aufgebaut sind, bilden den Ausgangspunkt für eine wichtige Verallgemeinerung, hin zu einer neuen Menge von Funktionen.
Wie wir es bereits in [SM01] erarbeitet haben, kann man aus einer Folge eine Reihe konstruieren. Die entstandene Reihe konnte anschließend auf ihre Eigenschaften, insbesondere auf Ihre Konvergenz hin untersucht werden.
Analog kann man auch mithilfe einer Folge unendliche Polynome bilden und anschließend nach der Konvergenz des entstandenen Objekts fragen. Doch formulieren wir das für Ingenieure so relevante Objekt genauer.

Definition 2.5.1. *(Potenzreihe)*
Seien $(a_n)_{n\in\mathbb{N}}$ *eine reelle Zahlenfolge und* $x_0 \in \mathbb{R}$ *(fest gewählt). Dann bilde man:*

$$f(x) = \sum_{n=0}^{\infty} a_n (x - x_0)^n \tag{2.10}$$

und nennt f *eine* **Potenzreihe** *um den Entwicklungspunkt* x_0 *zur Folge* $(a_n)_{n\in\mathbb{N}}$.

Bemerkung 2.5.1.
Setzt man in (2.10) den Entwicklungspunkt $x_0 = 0$*, so vereinfacht sich die Potenzreihe zu*

$$f(x) = \sum_{n=0}^{\infty} a_n x^n$$

Wir beginnen mit zwei einfachen Beispielen für Potenzreihen:

Beispiele 2.5.1.

1. *Potenzreihe aus der harmonischen Folge:*

$$a_n = \frac{1}{n} \text{ und } x_0 = 0 \Rightarrow \quad f(x) = \sum_{n=1}^{\infty} \frac{1}{n} x^n$$

   Für $x = 1$ *ergibt sich die harmonische Reihe:* $f(1) = \sum_{n=1}^{\infty} \frac{1}{n}$

2.

$$a_n = \frac{n!}{n^n} \text{ und } x_0 = 2 \Rightarrow \quad g(x) = \sum_{n=1}^{\infty} n! \left(\frac{x-2}{n}\right)^n$$

Ob eine Potenzreihe (2.10) konvergiert, hängt davon ab, welchen Wert die Variable x annimmt. Da Potenzreihen selber Reihen sind, lassen sich die Methoden zur Konvergenzuntersuchung von Reihen auch auf Potenzreihen anwenden und es ergeben sich drei zu unterscheidende Fälle der Konvergenz:

Satz und Definition 2.5.1. *(Konvergenzfälle bei Potenzreihen)* *Seien* $(a_n)_{n\in\mathbb{N}}$ *eine reelle Zahlenfolge,* $x_0 \in \mathbb{R}$ *und*

$$f(x) = \sum_{n=0}^{\infty} a_n (x - x_0)^n$$

die zugehörige Potenzreihe. Dann existiert für f *einer der drei folgenden Konvergenzfälle:*

1. f *ist nur konvergent für* $x = x_0$. *In diesem Fall bezeichnet man die Potenzreihe als* **divergent**.

2. f *ist konvergent für alle* $x \in \mathbb{R}$.

3. *Es existiert ein* $r \in \mathbb{R}^+$, *so dass* f *konvergent ist für alle* $x \in]x_0 - r, x_0 + r[$ *und divergent für alle* $x \in \mathbb{R} \setminus [x_0 - r, x_0 + r]$. *Das Konvergenzverhalten an den Randpunkten,* $|x_0 - x| = r$, *muss für jeden Einzelfall gesondert entschieden werden.*
   Die Zahl r *wird der* **Konvergenzradius** *und das Intervall* $]x_0 - r, x_0 + r[$ *wird das* **Konvergenzintervall** *der Potenzreihe genannt.*

Bemerkungen 2.5.2.

- *Dass jede Potenzreihe an ihrem Entwicklungspunkt* $x = x_0$ *konvergiert, ist wegen der Verwendung der Festlegung* $0^0 := 1$ *bestimmbar mit*

$$f(x_0) = \sum_{n=0}^{\infty} a_n (x_0 - x_0)^n = a_0 \cdot 0^0 + a_1 \cdot 0^1 + \ldots = a_0$$

- *Die methodische Konvergenzuntersuchung von Potenzreihen ist im Wesentlichen durch die Bestimmung eines Konvergenzradius gegeben, da letzterer sich recht komfortabel aus dem Anwenden von Quotienten- oder Wurzelkriterium ermitteln lässt.*

Konvergenzbestimmung mit dem Wurzelkriterium (WK)

Sei eine Potenzreihe, wie in (2.10), gegeben. Aus der Konvergenzbedingung des Wurzelkriteriums folgt dann:

$$\begin{aligned} & \lim_{n\to\infty} \sqrt[n]{|a_n(x-x_0)^n|} && < 1 \\ \Leftrightarrow \quad & \lim_{n\to\infty} \sqrt[n]{|a_n|} \cdot |x-x_0| && < 1 \\ \Leftrightarrow \quad & |x-x_0| && < \frac{1}{\lim_{n\to\infty} \sqrt[n]{|a_n|}} =: r. \end{aligned}$$

Konvergenzbestimmung mit dem Quotientenkriterium (QK)

Sei eine Potenzreihe, wie in (2.10), gegeben. Aus der Konvergenzbedingung des Quotientenkriteriums folgt dann:

$$\begin{aligned} & \lim_{n\to\infty} \left|\frac{a_{n+1}(x-x_0)^{n+1}}{a_n(x-x_0)^n}\right| && < 1 \\ \Leftrightarrow \quad & \lim_{n\to\infty} \left|\frac{a_{n+1}}{a_n}\right| \cdot |x-x_0| && < 1 \\ \Leftrightarrow \quad & |x-x_0| && < \frac{1}{\lim_{n\to\infty} \left|\frac{a_{n+1}}{a_n}\right|} =: r. \end{aligned}$$

Satz 2.5.2.
Sei eine Potenzreihe, wie in (2.10), gegeben. Dann ist der Konvergenzradius $r \in \mathbb{R}^+$ der Potenzreihe über beide Kriterien wie folgt bestimmbar

$$r = \frac{1}{\lim_{n\to\infty} \sqrt[n]{|a_n|}} \quad \text{(WK)}$$

$$r = \lim_{n\to\infty} \left|\frac{a_n}{a_{n+1}}\right| \quad \text{(QK)}$$

Korollar 2.5.1.
Für den Konvergenzradius r einer Potenzreihe ergibt sich bei dessen Bestimmung einer der drei folgenden Fälle:

1. $r = 0$*: Die Potenzreihe divergiert.*
2. $r = \infty$*: Die Potenzreihe konvergiert absolut für alle $x \in \mathbb{R}$.*
3. $r \in \mathbb{R}^+$*: Die Potenzreihe konvergiert absolut für $x \in]x_0 - r, x_0 + r[$.*

Beispiele 2.5.2.
Wo konvergieren die folgenden Potenzreihen?

1. *Gegeben ist die Potenzreihe*

$$f(x) = \sum_{k=0}^{\infty} \frac{x^k}{k!} = 1 + \frac{x}{1!} + \frac{x^2}{2!} + \frac{x^3}{3!} + \dots$$

Die Folgeglieder der Potenzreihe lauten $a_k = \frac{1}{k!}$ *und der Entwicklungspunkt ist* $x_0 = 0$. *Mit dem Quotientenkriterium folgt dann:*

$$r = \lim_{k\to\infty} \left| \frac{\frac{1}{k!}}{\frac{1}{(k+1)!}} \right| = \lim_{k\to\infty} \frac{(k+1)!}{k!} = \lim_{k\to\infty} (k+1) = \infty$$

$\Rightarrow$ *Die Potenzreihe konvergiert für alle* $x \in \mathbb{R}$.

2. *Gegeben ist die Potenzreihe*

$$h(x) = \sum_{n=0}^{\infty} \frac{(x+7)^n}{3^n} = 1 + \frac{(x+7)}{3} + \frac{(x+7)^2}{3^2} + \frac{(x+7)^3}{3^3} + \dots$$

Die Folgeglieder der Potenzreihe lauten $a_n = \frac{1}{3^n}$ *und der Entwicklungspunkt ist* $x_0 = -7$. *Mit dem Wurzelkriterium folgt dann:*

$$r = \frac{1}{\lim_{n\to\infty} \sqrt[n]{\left|\frac{1}{3^n}\right|}} = \lim_{n\to\infty} \sqrt[n]{|3^n|} = 3$$

Damit ist die Potenzreihe absolut konvergent auf dem Intervall $]-10,-4[$ *und divergent auf dem Intervall* $\mathbb{R} \setminus [-10,-4]$. *Für die Konvergenz an den Rändern des Konvergenzintervalls gilt:*

$$h(-10) = \sum_{n=0}^{\infty} \frac{(-10+7)^n}{3^n} = \sum_{n=0}^{\infty} (-1)^n \quad \Rightarrow \textit{divergent}$$

$$h(-4) = \sum_{n=0}^{\infty} \frac{(-4+7)^n}{3^n} = \sum_{n=0}^{\infty} 1 \quad \Rightarrow \textit{divergent}$$

Die Randpunkte bleiben damit vom Konvergenzintervall ausgeschlossen.

Bemerkung 2.5.3.
Die Potenzreihe

$$f(x) = \sum_{k=0}^{\infty} \frac{x^k}{k!} = 1 + \frac{x}{1!} + \frac{x^2}{2!} + \frac{x^3}{3!} + \ldots$$

mit Ihrem Grenzwert

$$f(1) = \sum_{k=0}^{\infty} \frac{1}{k!} = 1 + \frac{1}{1!} + \frac{2}{2!} + \frac{3}{3!} + \ldots = \lim_{k \to \infty} \left(1 + \frac{1}{k}\right)^k = e$$

ist eine auf ganz $\mathbb{R}$ definierte Funktion, **die Exponentialfunktion**

$$\exp(x) := \sum_{n=0}^{\infty} \frac{x^n}{n!} = e^x$$

Sie wird häufig mittels der obigen Reihendarstellung eingeführt.

Um Potenzreihen (wie $\exp(x)$) auf deren Eigenschaften untersuchen zu können, benötigen wir noch einige grundlegende Aussagen über Potenzreihen.
So stellt sich die Frage nach der Vergleichbarkeit von Potenzreihen, um sicher stellen zu können, dass eine gefundene Potenzreihe auch eindeutig ist. Der folgende Satz gibt hierzu Aufschluss:

Satz 2.5.3. *(Eindeutigkeitssatz für Potenzreihen)*
Es seien $x_0 \in \mathbb{R}$ ein Entwicklungspunkt und

$$f(x) = \sum_{n=0}^{\infty} a_n(x - x_0)^n \,, \quad g(x) = \sum_{n=0}^{\infty} b_n(x - x_0)^n$$

zwei Potenzreihen mit den jeweiligen Konvergenzradien r_f und r_g.
Gilt für alle $x \in]x_0 - r, x_0 + r[$, mit $r = \min(r_f, r_g) > 0$,

$$f(x) = g(x),$$

so folgt

$$a_n = b_n$$

für alle $n \in \mathbb{N}_0$.
(Der Beweis erfolgt mittels vollständiger Induktion nach $n \in \mathbb{N}_0$.)

Nach Satz 2.5.3 ist die Exponentialfunktion $\exp(x)$ auf ganz $\mathbb{R}$ eindeutig durch ihre Darstellung als Potenzreihe festgelegt. Von der Exponentialfunktion ist zudem die folgende Eigenschaft bekannt

$$\exp(x+y) = \exp(x)\exp(y), \ x, y \in \mathbb{R} \tag{2.11}$$

Um die Korrektheit von (2.11) nachzuweisen, benötigt man einen allgemeinen Satz über das Produkt von Potenzreihen, der sich aus dem Cauchy-Produkt von Reihen ableiten lässt.

Satz 2.5.4. *(Cauchy-Produkt von Potenzreihen)*
Gegeben seien $x_0 \in \mathbb{R}$ und zwei Potenzreihen

$$f(x) = \sum_{n=0}^{\infty} a_n (x-x_0)^n \text{ und } g(x) = \sum_{n=0}^{\infty} b_n (x-x_0)^n$$

mit den Konvergenzradien r_f für f und r_g für g. Definiert man

$$c_n = \sum_{j=1}^{n} a_j b_{n-j}$$

dann ist das Produkt $f \cdot g$ erneut eine Potenzreihe mit dem Konvergenzradius $r = \min(r_f, r_g)$ und es gilt

$$f(x)g(x) = \sum_{n=0}^{\infty} c_n (x-x_0)^n \tag{2.12}$$

Bemerkungen 2.5.4.

- *Mit Satz 2.5.4 lässt sich in der Übung die Beziehung (2.11) ableiten.*
- *Als Verallgemeinerung von (2.11) und noch ohne Beweis notieren wir*

$$\exp(x) = f(x) = (f(1))^x = e^x$$

So wie die Exponentialfunktion eine Darstellung als Potenzreihe besitzt, können auch andere Funktionen als unendliche Potenzreihe dargestellt werden. Im Folgenden geben wir erst ein paar Beispiele an, bevor wir in einem speziellen Fall eine Potenzreihe zu einer Funktion ermitteln. Eine allgemeine Methode zur Gewinnung einer Potenzreihendarstellung werden wir in Kapitel 3.4 einführen.

Die folgenden Beispiele für bekannte Funktionen, die sich als Potenzreihe schreiben lassen, verbleiben hier ohne Beweis, den wir aber noch nachholen werden.

Beispiele 2.5.3.

1. *Gegeben sei $f(x) = \frac{1}{1-x}$. Dann kann man f als Potenzreihe schreiben, nämlich*

$$f(x) = \sum_{n=0}^{\infty} x^n$$

gemäß der Formel für die geometrische Reihe mit $|x| < 1$, was den Konvergenzradius mit $r = 1$ festlegt.

2. *Sei*

$$g(x) = \sum_{k=0}^{\infty} (-1)^k \frac{x^{2k}}{(2k)!}$$

Als Übung folgt $r = \infty$. Diese Potenzreihe ist unter anderem Namen bekannt und wird mit $g(x) = \cos(x)$ angegeben.

3. *Sei*

$$h(x) = \sum_{k=0}^{\infty} (-1)^k \frac{x^{2k+1}}{(2k+1)!}$$

Als Übung folgt $r = \infty$. Auch diese Potenzreihe ist unter anderem Namen bekannt und wird mit $h(x) = \sin(x)$ angegeben.

Wie man eine Potenzreihendarstellung zu einer gegebenen Funktion entwickeln kann, zeigt das folgende Beispiel:

Beispiel 2.5.4.
Gegeben sei die auf $\mathbb{R} \setminus \{\pm 2\}$ definierte gebrochenrationale Funktion

$$f(x) = \frac{x^3 + 4x}{x^2 - 4}$$

Gesucht ist eine Potenzreihendarstellung von f um den Entwicklungspunkt $x_0 = 1$.
Wir wollen exemplarisch zeigen, wie eine derartige Darstellung gefunden werden kann.

1. *Zuerst wird nach vorangegangener Polynomdivision die Partialbruchzerlegung des echt gebrochenrationalen Anteils von f bestimmt.*

$$\frac{x^3+4x}{x^2-4} = x + \frac{4}{x-2} + \frac{4}{x+2}$$

2. *Nun schreibt man für den Polynomanteil $x = 1 + (x-1)$.*

3. *Jetzt verwenden wir die allgemeine Formel für $|x - x_0| < |w - x_0|$*

$$\frac{1}{x-w} = -\sum_{n=0}^{\infty} \frac{(x-x_0)^n}{(w-x_0)^{n+1}} \tag{2.13}$$

Für den ersten Summanden der PBZ setzt man $w = 2$ und $x_0 = 1$ und erhält somit $w - x_0 = 1$. (2.13) wird damit zu

$$\frac{4}{x-2} = -4\sum_{n=0}^{\infty}(x-1)^n$$

Für den zweiten Summanden der PBZ setzt man $w = -2$ und $x_0 = 1$ und erhält somit $w - x_0 = -3$. (2.13) wird damit zu

$$\frac{4}{x+2} = -4\sum_{n=0}^{\infty}\left(-\frac{1}{3}\right)^{n+1}(x-1)^n$$

4. *Schließlich fassen wir jetzt die einzelnen Potenzen der beiden absolut konvergenten Reihendarstellungen zusammen und erhalten die zu unserer Funktion gesuchte Potenzreihe*

$$\begin{aligned} f(x) &= 1 + (x-1) - 4\sum_{n=0}^{\infty}(x-1)^n - 4\sum_{n=0}^{\infty}\left(-\frac{1}{3}\right)^{n+1}(x-1)^n \\ &= 1 + (x-1) - 4 - 4(x-1) + \frac{4}{3} - \frac{4}{9}(x-1) \\ &\quad + \sum_{n=2}^{\infty}\left(-4 - 4\left(\frac{-1}{3}\right)^{n+1}\right)(x-1)^n \\ &= -\frac{5}{3} - \frac{31}{9}(x-1) + \sum_{n=2}^{\infty}\left(-4 + \frac{4}{3}\left(\frac{-1}{3}\right)^n\right)(x-1)^n \end{aligned}$$

Definition 2.5.2. *(analytische und algebraische Funktionen)*
Funktionen, die sich als Potenzreihen formulieren lassen, werden **analytisch** *genannt. Können sie durch endliche Polynome dargestellt werden, heißen Sie* **analytisch geschlossen** *oder* **algebraisch**.

2.5.1 Kurzaufgaben zum Verständnis

1. Jedes Polynom ist eine Potenzreihe

   □ wahr □ falsch

2. Ist f eine Potenzreihe zum Entwicklungspunkt $x_0 = 0$ mit Koeffizientenfolge $(a_n)_{n\in\mathbb{N}}$, dann ist f ungerade, wenn $a_m = 0$ für $m \in \mathbb{N}_0$ gerade.

   □ wahr □ falsch

3. Sind f, g zwei Potenzreihen um $x_0{=}0$ jeweils mit Konvergenzradien r_f bzw. r_g, so konvergiert das Produkt $f \cdot g$ auf dem Intervall um x_0 mit Radius $r_f \cdot r_g$

   □ wahr □ falsch

4. Sind f, g zwei Potenzreihen, so dass bis auf endlich viele die Koeffizienten gleich sind, so haben beide den gleichen Konvergenzradius.

   □ ja □ nein □ nein, nur wenn f, g konstant sind.

5. Haben zwei Potenzreihen f, g, für unendlich viele $n \in \mathbb{N}_0$ gleiche Koeffizienten, so haben beide den gleichen Konvergenzradius.

   □ wahr □ falsch

6. Ist f eine Potenzreihe, so dass $a_m = 0$ für alle $m \in \mathbb{N}_0$ gerade, so ist f umkehrbar.

   □ wahr □ falsch

2.5.2 Übungen

Lösungsvideos zu den Übungen können auf www.lsgn24h.de über die Eingabe des Lösungscodes abgerufen werden.

Kl A:

1. Bestimmen Sie die Konvergenzradien der Potenzreihen
   (a) der Exponentialfunktion

   (Lösungscode: SB04PR0A001)

   (b) der Sinusfunktion

   (Lösungscode: SB04PR0A002)

   (c) der Kosinusfunktion

   (Lösungscode: SB04PR0A003)

2. Geben Sie jeweils den Konvergenzradius der folgenden Potenzreihen an.
   (a) $f(x) = \sum_{n=1}^{\infty} \frac{x^n}{2^n}$.

   (Lösungscode: SB04PR0A004)

   (b) $f(x) = \sum_{k=1}^{\infty} 3(-1)^k 2^{2k} x^{2k+3}$

   (Lösungscode: SB04PR0A005)

3. Bestimmen Sie jeweils den Konvergenzradius von

$$\sum_{n=1}^{\infty} \frac{x^{2n}}{n} \text{ und } \sum_{n=1}^{\infty} n! x^n$$

(Lösungscode: SB04PR0A006)

Kl B:

1. Geben Sie die Potenzreihe von

$$\frac{1}{x^2 - 1}$$

um $x_0 = 0$ an.

(Lösungscode: SB04PR0B001)

2. Geben Sie die Potenzreihenentwicklung von

$$\frac{1}{x^2 - 5x + 6}$$

um $x_0 = 0$ an.

(Lösungscode: SB04PR0B002)

3. Bestimmen Sie die Potenzreihe zu

$$\frac{e^x}{x - 1}$$

(Lösungscode: SB04PR0B003)

4. Zeigen Sie mit Hilfe der Reihendarstellung von cos und sin [7]:

   (a) $\cos(0) = 1$ und $\cos(2) < 0$ und geben Sie für $x_0, x_1 \in [2, 4]$ entsprechende Zahlen an, mit

   $$\sin(x_0) > 0 > \sin(x_1)$$

   (Lösungscode: SB04PR0B004)

   (b) Auf $[0, 2]$ ist die Kosinusfunktion streng monoton fallend und die Sinusfunktion streng monoton wachsend.

   (Lösungscode: SB04PR0B005)

5. Für die Koeffizienten $(a_n)_{n\in\mathbb{N}}$ einer Potenzreihe gelte

$$0 < b \leq a_n \leq c. \quad (a_n, b, c \in \mathbb{R})$$

Bestimmen Sie den Konvergenzradius der zugehörigen Potenzreihe.

(Lösungscode: SB04PR0B006)

[7] Man definiert aufgrund der Ergebnisse zu dieser Aufgabe gerne die erste positive Nullstelle $\tilde{x}$ von cos mit $\tilde{x} = \frac{\pi}{2}$ und erhält damit eine Reihenentwicklung für die Zahl π. Die Existenz dieser Nullstelle wird im Kapitel über Stetigkeit geklärt.

Kl C:

1. Beweisen Sie Satz 2.5.3

   (Lösungscode: SB04PR0C001)

2. Geben Sie den Konvergenzradius an von

$$\sum_{n=1}^{\infty} \frac{n^n}{n!} x^n$$

   (Lösungscode: SB04PR0C002)

3. Charakterisieren Sie die geraden und ungeraden Funktionen, die sich um $x_0 = 0$ in eine Potenzreihe entwickeln lassen.

   (Lösungscode: SB04PR0C003)

4. Wenn man in der Definition der Potenzreihe statt reeller Werte $x, x_0 \in \mathbb{R}$ komplexe Werte $z, z_0 \in \mathbb{C}$ verwendet, kann man alle die Ergebnisse aus diesem Kapitel auch ins Komplexe übertragen.
   Zeigen Sie mit Hilfe der Reihendarstellungen von $\exp(ix)$ $(x \in \mathbb{R})$ und von cos und sin die Eulerdarstellung des Einheitskreises (vgl. [SM01]):

$$\exp(ix) = \cos(x) + i \sin(x)\,, \; i^2 = -1$$

   (Lösungscode: SB04PR0C004)

5. In welchem Intervall konvergieren jeweils die folgenden Potenzreihen

$$\sum_{n=1}^{\infty} \frac{n^a}{n!} x^n, \; a \in \mathbb{R}$$

   (Lösungscode: SB04PR0C005)

   und

$$\sum_{n=1}^{\infty} \binom{m}{n} x^n\,?$$

   Dabei sei für $0 < n < m \in \mathbb{N}$

$$\binom{m}{n} = \frac{m \cdot (m-1) \cdot \ldots \cdot (m-n+1)}{n!}$$

   gesetzt.

(Lösungscode: SB04PR0C006)

6. Zeigen Sie mit Hilfe der Reihendarstellung der Exponentialfunktion unter Verwendung des Cauchy-Produkts von Reihen:

$$\exp(x)\exp(y) = \exp(x+y) \text{ für alle } x, y \in \mathbb{R}$$

(Lösungscode: SB04PR0C007)

Kl D:

1. Eine Potenzreihe habe den Konvergenzradius $r > 1$. Für die Koeffizienten gelte $a_n \in \mathbb{Z}$. Zeigen Sie, dass die dargestellte Funktion dann ganzrational ist.

(Lösungscode: SB04PR0D001)

2. Beweisen Sie Satz 2.5.4.

(Lösungscode: SB04PR0D002)

3. Beweisen Sie die Formel (2.13) aus der Formel für konvergente geometrische Reihen.

(Lösungscode: SB04PR0D003)

4. Die Funktion f sei in eine Potenzreihe entwickelbar um $x_0 = 0$. Es existiere eine Nullfolge $(x_k)_{k\in\mathbb{N}}$, mit paarweise verschiedenen x_k. Falls $f(x_k) = 0$ für alle $k \in \mathbb{N}$, so ist f die Nullfunktion. Begründen Sie das.

(Lösungscode: SB04PR0D004)

2.6 Spezielle Funktionen (Teil 2)

In diesem Kapitel betrachten wir sogenannte **transzendente Funktionen**, also Funktionen, deren Funktionsterme nicht mehr analytisch geschlossen, also mit Hilfe endlicher Polynome, dargestellt werden können.
Die hier behandelten Funktionen ergeben sich oft als Lösungen von Anwendungsfällen und besitzen Darstellungen durch unendliche Potenzreihen. Im Folgenden werden die jeweils betrachteten Funktionen aus der Anschauung noch ohne die notwendigen Beweise eingeführt. Ab Kapitel 3 werden wir diese Wissenslücken dann sukzessive schließen.

2.6.1 Exponential- und Logarithmusfunktionen

Der Legende nach soll dem Erfinder des Schachspiels vom Herrscher seines Kulturkreises aus Dank für das Spiel ein Wunsch als Lohn gestattet worden sein. Der Erfinder soll den folgenden Wunsch geäußert haben: „Auf das erste Feld des Schachbretts lege man ein Weizenkorn, auf das zweite Feld dann die doppelte Anzahl, also zwei Körner, auf das dritte Feld erneut die doppelte Anzahl, also vier Körner und so weiter." Die gesamte Menge an Weizenkörnern, die so entstünde, solle sein Lohn sein.
Sei $n \in \mathbb{N}$ die Nummer des jeweilgen Schachfeldes, so kann die Anzahl N der Weizenkörner auf dem n-ten Feld durch die Exponentialfunktion $N(n) = 2^{n-1}$ angegeben werden, was bei näherer Betrachtung den Lohn nicht bescheiden erscheinen lässt.
Dieses als „Weizenkornlegende" oder auch „Schachaufgabe" (siehe [Lin]) bekannt gewordene Gleichnis ist ebenso ein Beispiel für eine exponentielle Entwicklung, wie die Beschreibung der Verringerung der Lichtintensität, wenn ein Lichtstrahl ein transparentes Medium (wie zum Beispiel Glas) passiert und dabei einen Teil seiner Energie auf das Medium transferiert.
War I_0 die Lichtintensität vor dem passieren einer Schicht der Dicke Δx des transparenten Mediums, so kann die reduzierte Lichtintensität beim Austritt aus der Schicht durch die folgende Exponentialfunktion beschrieben werden:

$$I(\Delta x) = I_0 \cdot e^{-\alpha \cdot \Delta x} \tag{2.14}$$

Die Konstante α ist eine Materialkonstante, welche die Absorptionsfähigkeit des Mediums für Licht beschreibt, der Absorptionskoeffizient. Die Funktion (2.14) ist in der Physik als Lambert-Beer-Bouger-Gesetz bekannt.

Damit führen wir die aus der Schule bekannte Exponentialfunktion ein. Eine stringente Definition folgt dann in Kapitel 3.

Definition 2.6.1. *(Exponentialfunktion klassisch)*
Sei $a \in \mathbb{R}^+$ fest gewählt. Dann ist die zugehörige Exponentialfunktion definiert durch

$$f_a(x) = a^x \tag{2.15}$$

und wird **Exponentialfunktion zur Basis** *a genannt.*

Bemerkungen 2.6.1.

1. *Da in (2.15) für die Basis $a > 0$ gilt, ist a^x auf ganz $\mathbb{R}$ definiert.*
2. *Bei der Untersuchung von Exponentialfunktionen schließt man den konstanten Fall, der duch $a = 1$ gegeben ist, üblicherweise aus.*
3. *Jede Exponentialfunktion mit einer Basis $0 < \tilde{a} < 1$ lässt sich bei deren Untersuchung auf einen Fall mit einer Basis $a > 1$ zurückführen, denn sei $\tilde{a} = \frac{1}{a}$, mit $0 < \tilde{a} < 1$, so folgt*

$$\tilde{a}^x = \left(\frac{1}{a}\right)^x = \frac{1}{a^x} = a^{-x}$$

Aus diesem Grund reicht es aus, Exponentialfunktionen zu Basen $a > 1$ zu betrachten.

Satz 2.6.1.
Seien $a, b \in \mathbb{R}^+$, f_a, f_b die zugehörigen Exponentialfunktionen und $\lambda \in \mathbb{R}$. Dann gilt

1. $f_a(x) \cdot f_a(y) = f_a(x + y)$
2. $f_a(x) \cdot f_b(x) = f_{(a \cdot b)}(x)$
3. $(f_a(x))^\lambda = f_a(\lambda \cdot x)$
4. $f_a(0) = 1$ *für alle* $a \in \mathbb{R}^+$
5. $f_1(x) = 1$ *für alle* $x \in \mathbb{R}$

Zur Nennung der Eigenschaften von Exponentialfunktionen f_a beschränken wir uns auf den Fall der Basis $a > 1$.

$$\begin{aligned} f_a : \mathbb{D} &\rightarrow \mathbb{R} \\ x &\mapsto a^x = f_a(x) \end{aligned}$$

- Für den maximalen Definitionsbereich gilt $\mathbb{D} = \mathbb{R}$.
- Der Wertebereich von f_a ist nach unten beschränkt, mit $\mathbb{W} = \mathbb{R}^+$.
- f_a ist auf $\mathbb{R}$ streng monoton wachsend.
- Der Graph G_{f_a} enthält den Punkt $(0, 1)$.

Die Graphen verschiedener Exponentialfunktionen sind in folgender Abbildung dargestellt.

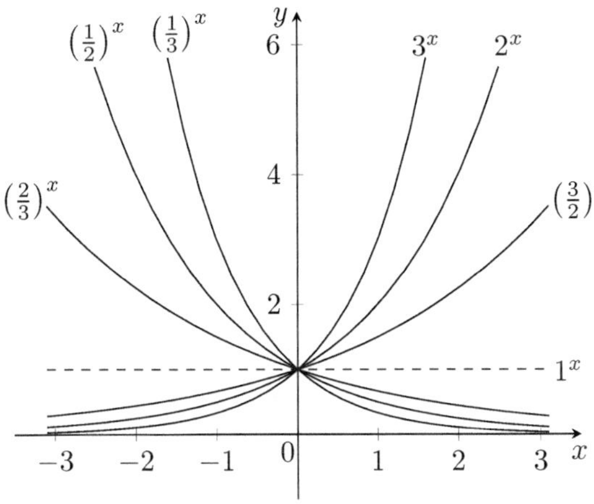

Abbildung 2.6: Graphen von Exponentialfunktionen

Da jede Exponentialfunktion mit einer Basis größer Eins auf Ihrem maximalen Definitionsbereich streng monoton wachsend ist, muss sie dort auch eine Umkehrfunktion besitzen.

Die Umkehrfunktion zur Exponentialfunktion $f_a(x) = a^x$ wurde im 16. Jh. von dem Schotten John Napier[8] formuliert, ohne genauere Kenntnis der Eigenschaften dieser Umkehrfunktion.
Napier verstand dabei die Umkehrfunktion als Lösung der zu f_a gehörenden Funktionsgleichung $y = a^x$, einer Exponentialgleichung.
Benannt wurde diese Umkehrfunktion als „Logarithmus zur Basis a“ [9], was den Exponenten x in der Exponentialgleichung bezeichnet.

Definition 2.6.2. *(Logarithmus, klassisch)*
Sei $f_a(x) = a^x$ eine Exponentialfunktion mit $a \in \mathbb{R}^+$ $(a \neq 1)$. Die auf ganz $\mathbb{R}^+$ definierte Umkehrfunktion

$$\begin{aligned} f_a^{-1} : \mathbb{R}^+ &\to \mathbb{R} \\ x &\mapsto f_a^{-1}(x) = \log_a(x) \end{aligned}$$

wird **Logarithmusfunktion** *bzw.* **Logarithmus zur Basis** a *genannt und löst formal die zugehörige Exponentialgleichung*

$$y = a^x \quad \Leftrightarrow \quad x = \log_a(y)$$

Bemerkungen 2.6.2.

1. *Die Definition 2.6.2 enthält natürlich nur eine formale Festlegung der wesentlichen Eigenschaft des Logarithmus zur Basis a. Was sich hinter den drei Buchstaben „log“ verbirgt, bleibt hier noch unerwähnt. Eine exakte Definition werden wir in Kapitel 3 nachliefern.*

2. *Trotz der offensichtlichen Mängel der Definition 2.6.2 lassen sich aus ihr aber alle wesentlichen Eigenschaften der Logarithmusfunktion für alle $a \in \mathbb{R}^+ \setminus \{1\}$ ableiten, wie z. B.*

$$y = a^{\log_a(y)}\,,\ \log_a(a) = 1\,,\ \log_a(1) = 0$$

3. $\log_a(y)$ *antwortet auf die Frage „a hoch was ist gleich y?“*

[8] John Napier (1550-1617) war ein schottischer Mathematiker, Theologe und Naturgelehrter. Als Sohn des Baron von Merchiston in Edinburgh geboren, studierter er an der Universität St. Andrews Theologie. Mathematik und Literatur eignete er sich auf seinen Reisen durch Europa an. Er war nach seinem Studium protestantischer Pfarrer und starker Gegner der katholischen Kirche (der Papst war in seinen Augen ein Antichrist). Unabhängig von dem Schweizer Jost Bürgi entwarf er den Logarithmus als Rechenhilfe. Er wollte die sphärische Trigonometrie mittels Logarithmus entwickeln. Seine Rechenstäbchen, die noch lange im Gebrauch waren, bildeten die Grundlage der ersten Rechenmaschinen. Eine Universität, ein Mondkrater, ein Asteroid und eine Insel in der Antarktis sind nach ihm benannt.

[9] „logos“, griechisch: „Verhältnis“ und „arithmos“, griechisch: „Zahl“

4. *Für Logarithmen zu speziellen Basen wurden abkürzende Schreibweisen eingeführt*

   (a) *Der natürliche Logarithmus: „Logarithmus Naturalis“*

   $$\ln(x) := \log_e(x) \quad e \approx 2,71828182845\ldots$$

   (b) *Der Zehner-Logarithmus: „Logarithmus Dekadis“*

   $$\log(x) := \log_{10}(x)$$

   (c) *Der binäre oder duale Logarithmus: „Logarithmus Bineris“, „Logarithmus Dualis“*

   $$lb(x) = ld(x) := \log_2(x)$$

5. *Wie wir noch sehen werden, können alle anderen Logarithmen durch den natürlichen Logarithmus ausgedrückt werden.*

6. *Der binäre Logarithmus wird vor allem in der Informatik angewandt.*

Die Definition 2.6.2 zusammen mit den Bemerkungen 2.6.2 bilden die Grundlage, um die bekannten Rechenregeln für Logarithmen zu beweisen.

Satz 2.6.2. *(Logarithmusrechenregeln)*
Seien $a, b \in \mathbb{R}^+$ Basen, $x, y \in \mathbb{R}^+$ Argumente von Logarithmen und $t \in \mathbb{R}$. Dann gelten die folgenden Zusammenhänge

1. $\log_a(x^t) = t \cdot \log_a(x)$

2. $\log_a(x \cdot y) = \log_a(x) + \log_a(y)$

3. $\log_a\left(\frac{x}{y}\right) = \log_a(x) - \log_a(y)$

4. *Der Basiswechsel:*

   $$\log_a(x) = \frac{\log_b(x)}{\log_b(a)}$$

Korollar 2.6.1.
Sei $\tilde{a} \in]0,1[$, so existiert ein $a > 1$ mit $\tilde{a} = a^{-1}$ und es gilt

$$\log_{\tilde{a}}(x) = -\log_a(x) \tag{2.16}$$

Zur Nennung der Eigenschaften von Logarithmusfunktionen $\log_a$ beschränken wir uns nach Korollar 2.6.1 auf den Fall der Basis $a > 1$.

$$\begin{aligned} \log_a : \mathbb{D} &\rightarrow \mathbb{R} \\ x &\mapsto y = \log_a(x) \end{aligned}$$

- Für den maximalen Definitionsbereich gilt $\mathbb{D} = \mathbb{R}^+$.
- Der Wertebereich von $\log_a$ ist unbeschränkt mit $\mathbb{W} = \mathbb{R}$.
- $\log_a$ ist auf $\mathbb{R}^+$ streng monoton wachsend.
- Der Graph $G_{\log_a}$ enthält den Punkt $(1, 0)$.

Die Graphen verschiedener Logarithmusfunktionen sind in folgender Abbildung dargestellt.

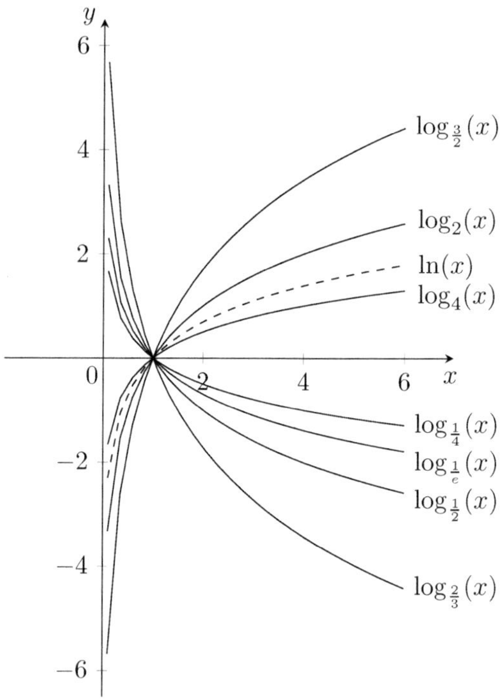

Abbildung 2.7: Graphen von Logarithmusfunktionen

2.6.2 Trigonometrische Funktionen und Arkusfunktionen

Aus der Geometrie der Dreiecke, der Trigonometrie[10], entstammen die für die Ingenieurwissenschaften so relevanten trigonometrischen Funktionen, als winkelabhängige Seitenverhältnisse in rechtwinkligen Dreiecken.

Definition 2.6.3. *(trigonometrische Funktionen, klassisch)*
Es sei das folgende rechtwinklige Dreieck Δ_{ABC} gegeben:

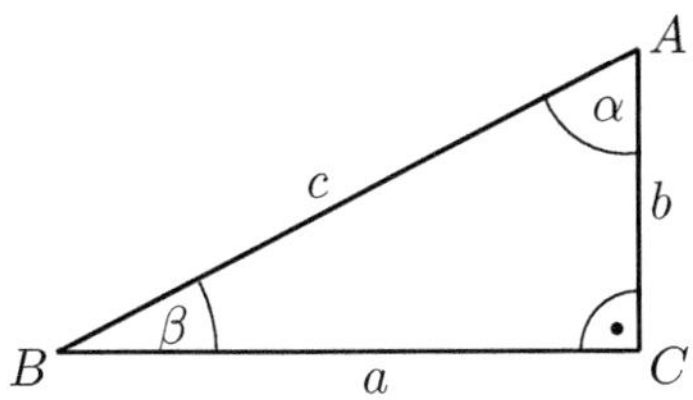

Dann definieren sich die Verhältnisse der Seitenlängen in Abhängigkeit vom Winkel $\beta \in]0, \frac{\pi}{2}[$:

$$\frac{b}{c} = \sin(\beta) \ \textit{Sinus} \qquad \frac{c}{b} = \csc(\beta) \ \textit{Kosekans}$$

$$\frac{a}{c} = \cos(\beta) \ \textit{Kosinus} \qquad \frac{c}{a} = \sec(\beta) \ \textit{Sekans}$$

$$\frac{b}{a} = \tan(\beta) \ \textit{Tangens} \qquad \frac{a}{b} = \cot(\beta) \ \textit{Kotangens}$$

Bemerkungen 2.6.3.

1. *Aus den Seitenverhältnissen ergeben mit Hilfe des Satzes von Pythagoras sich die zwei elementaren Beziehungen*

$$\sin^2(\beta) + \cos^2(\beta) = 1 \ \textit{und} \ \tan(\beta) = \frac{\sin(\beta)}{\cos(\beta)}$$

2. *Die Werte aller Seitenverhältnisse lassen sich aus der Kenntnis eines Seitenverhältnisses, z. B.* $\sin(\beta)$ *oder* $\cos(\beta)$*, herleiten.*

3. *Für* $c = 1$ *folgt* $a = \cos(\beta)$ *und* $b = \sin(\beta)$.

[10] „tri“ griechisch: „drei“, „gonia“ griechisch: „Winkel“, „metrein“ griechisch: "messen“

Die Werte der Funktionen $\sin(\beta)$ und $\cos(\beta)$ ergeben sich für $\beta \in [0, 2\pi]$ durch die Koordinaten eines auf dem Einheitskreis rotierenden Punktes.

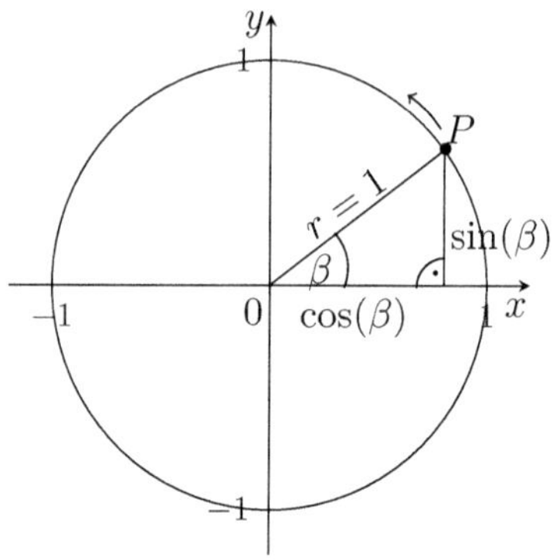

Abbildung 2.8: Trigonometrie am Einheitskreis

Die Graphen der Funktionen $\sin(\beta)$ und $\cos(\beta)$ folgen aus den winkelabhängigen Koordinaten.

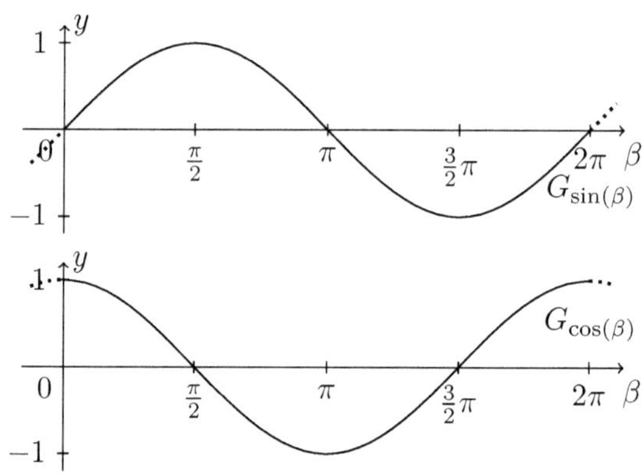

Abbildung 2.9: Sinus- und Kosinusfunktionen

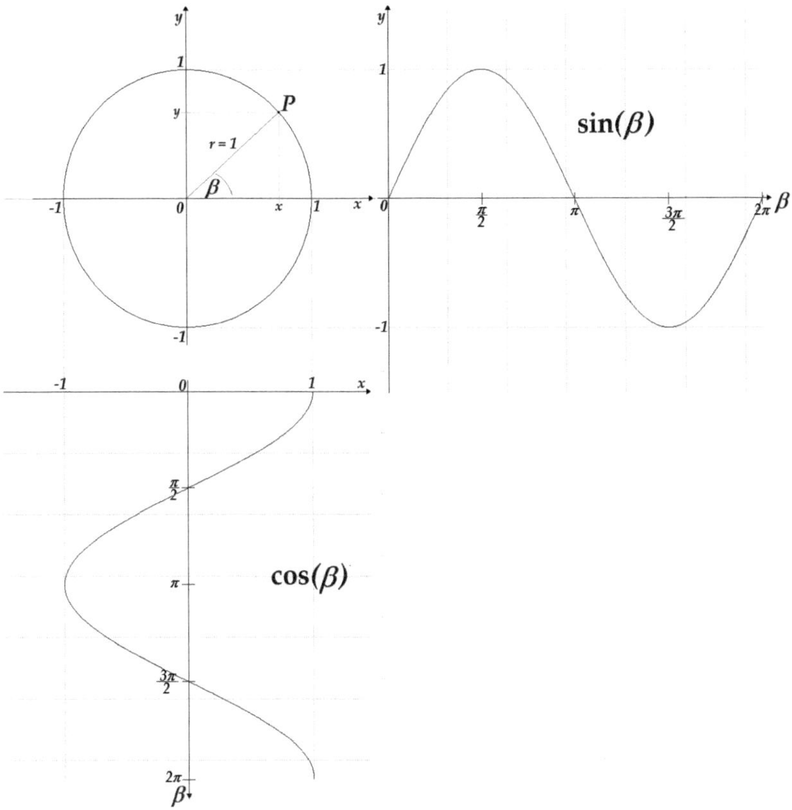

Abbildung 2.10: Sinus und Kosinus als Projektionen am Einheitskreis

Zusammenfassend lassen sich bereits aus den Graphen von Sinus und Kosinus die folgenden Eigenschaften dieser beiden trigonometrischen Funktionen ableiten.

Bemerkungen 2.6.4.

1. *Sinus und Kosinus sind auf ganz* $\mathbb{R}$ *definiert und sind dort auf den Wertebereich* $\mathbb{W} = [-1, 1]$ *beschränkt:*

$$\begin{aligned} \sin : \mathbb{R} &\to [-1, 1] \\ x &\mapsto \sin(x) \end{aligned} \qquad \begin{aligned} \cos : \mathbb{R} &\to [-1, 1] \\ x &\mapsto \cos(x) \end{aligned}$$

2. *Sinus und Kosinus sind* 2π*-periodisch, denn es gilt*

$$\sin(x + 2\pi) = \sin(x)\ ,\quad \cos(x + 2\pi) = \cos(x)$$

3. *Sinus ist als Funktion ungerade:* $\sin(-x) = \sin(x)$

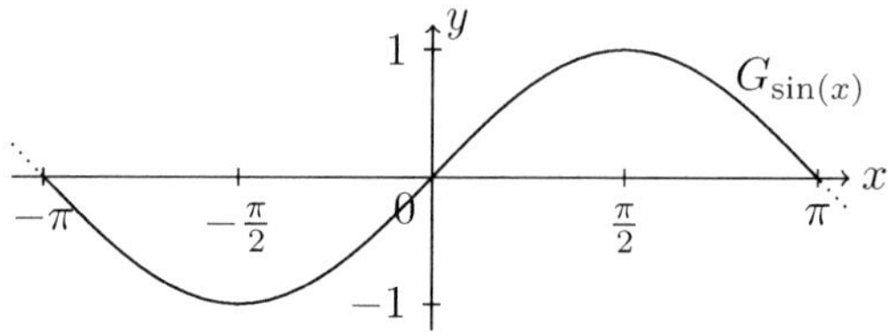

4. *Kosinus ist als Funktion gerade:* $\cos(-x) = \cos(x)$

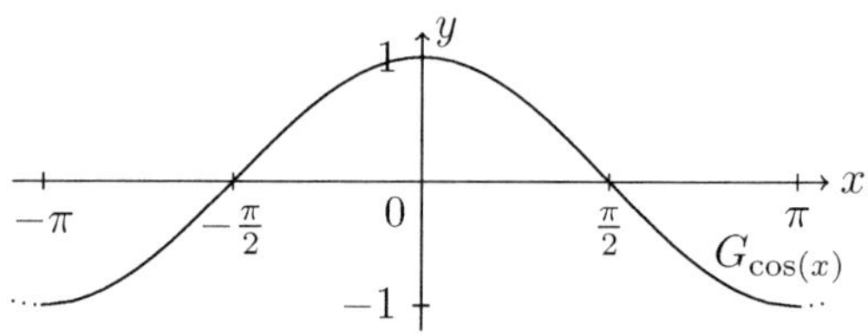

5. *Die Nullstellen des Sinus liegen bei allen ganzzahligen Vielfachen von* π

$$\sin(x) = 0 \Leftrightarrow x = k \cdot \pi\ ,\ k \in \mathbb{Z}$$

6. *Die Nullstellen des Kosinus liegen bei allen ungeradzahligen Vielfachen von* $\frac{\pi}{2}$

$$\cos(x) = 0 \Leftrightarrow x = \frac{\pi}{2} \cdot (1 + 2k)\ ,\ k \in \mathbb{Z}$$

7. *Sinus nimmt die Werte* $\{-1, 1\}$ *bei allen ungeradzahligen Vielfachen von* $\frac{\pi}{2}$ *an*

$$\sin\left(\frac{\pi}{2} \cdot (1 + 2n)\right) = (-1)^n\ ,\ n \in \mathbb{Z}$$

8. *Kosinus nimmt die Werte* $\{-1, 1\}$ *bei allen ganzzahligen Vielfachen von* π *an*

$$\cos(n \cdot \pi) = (-1)^n\ ,\ n \in \mathbb{Z}$$

Die dritte trigonometrische Funktion ist der Tangens, welcher sich als Quotient aus Sinus und Kosinus darstellt, siehe Bemerkung 2.6.3.
Damit ist der Tangens an den Nullstellen des Kosinus nicht definiert und übernimmt die Nullstellen vom Sinus.

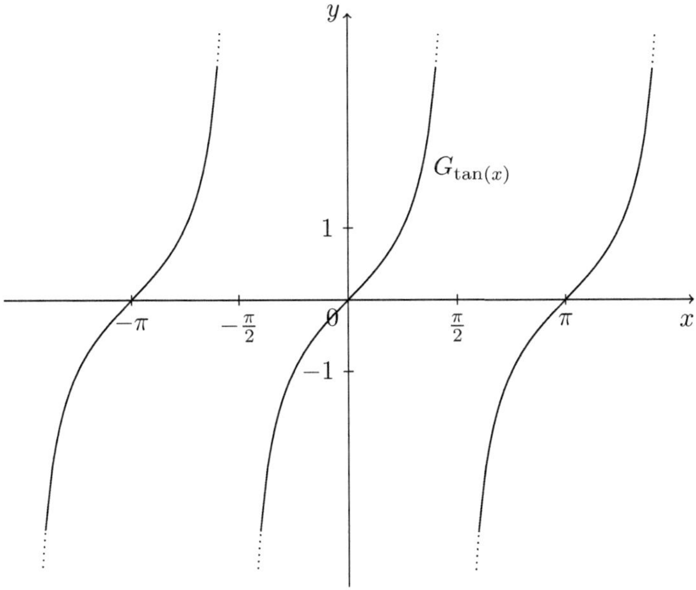

Abbildung 2.11: Tangens

Zusammenfassend lassen sich auch aus dem Graphen des Tangens die folgenden Eigenschaften ableiten.

Bemerkungen 2.6.5.

1. *Tangens besitzt den maximalen Definitionsbereich*

$$\mathbb{D}_{\tan} = \{x \in \mathbb{R}; \cos(x) \neq 0\}$$

und den Wertebereich $\mathbb{W} = \mathbb{R}$.

2. *Tangens ist* π*-periodisch:* $\tan(x + \pi) = \tan(x)$

3. *Tangens ist ungerade:* $\tan(-x) = -\tan(x)$

4. $\tan(x) = 0 \;\Leftrightarrow\; \sin(x) = 0$

Die Umkehrfunktionen zu den trigonometrischen Funktionen Sinus, Kosinus und Tangens können nur auf den Teilmengen des maximalen Definitonsbereiches definiert werden, auf denen sich die jeweiligen Funktionen streng monoton verhalten. Im Folgenden werden diese Umkehrfunktionen ohne genauere Kenntnis ihrer Termdarstellung formal eingeführt. Die notwendigen Aussagen zur Existenz dieser Funktionen und deren Termdarstellung werden wir in Kapitel 3 behandeln.

Bemerkung 2.6.6.
Da man mithilfe der Umkehrfunktion einer trigonometrischen Funktion auf deren Argument zurückrechnen kann, bestimmt man einen Winkel im Bogenmaß und damit die Länge des zugehörigen Kreisbogenstücks des Einheitskreises.
Aus diesem Grund werden diese Umkehrfunktionen auch als **„Arkusfunktionen“** *bezeichnet, abgeleitet von dem Wort „arcus“, das lateinische Wort für „Bogen“.*

Definitionen 2.6.4. *(Arkusfunktionen klassisch)*

1. *Sinus ist auf dem Intervall* $\left[-\frac{\pi}{2}, \frac{\pi}{2}\right]$ *streng monoton wachsend. Die dort definierte Umkehrfunktion ist der* **Arkussinus***:*

$$\begin{aligned} \arcsin : [-1,1] &\to \left[-\frac{\pi}{2}, \frac{\pi}{2}\right] \\ x &\mapsto \arcsin(x) \end{aligned}$$

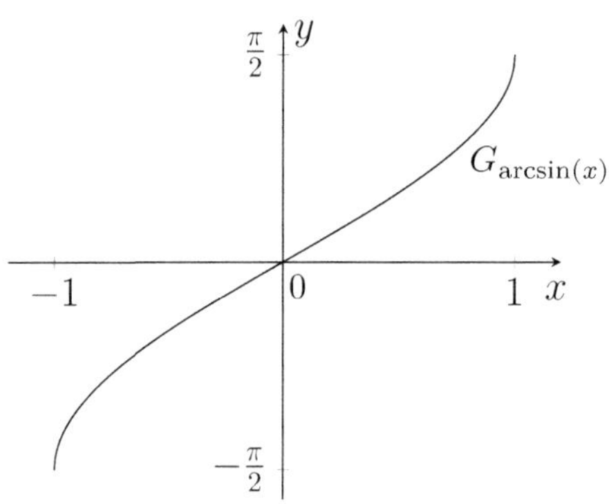

Abbildung 2.12: Arkussinus

2. *Kosinus ist auf dem Intervall* $[0, \pi]$ *streng monoton fallend. Die dort definierte Umkehrfunktion ist der* **Arkuskosinus***:*

$$\begin{aligned} \arccos : [-1, 1] &\rightarrow [0, \pi] \\ x &\mapsto \arccos(x) \end{aligned}$$

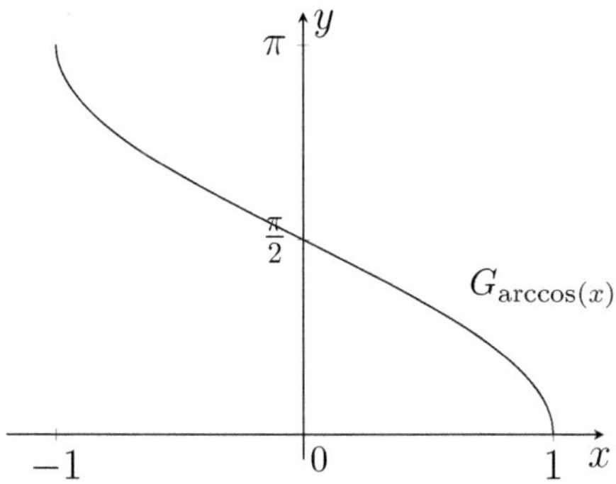

Abbildung 2.13: Arkuskosinus

3. *Tangens ist auf dem Intervall* $\left]-\frac{\pi}{2}, \frac{\pi}{2}\right[$ *streng monoton wachsend. Die dort definierte Umkehrfunktion ist der* **Arkustangens***:*

$$\begin{aligned} \arctan : \mathbb{R} &\rightarrow \left]-\frac{\pi}{2}, \frac{\pi}{2}\right[\\ x &\mapsto \arctan(x) \end{aligned}$$

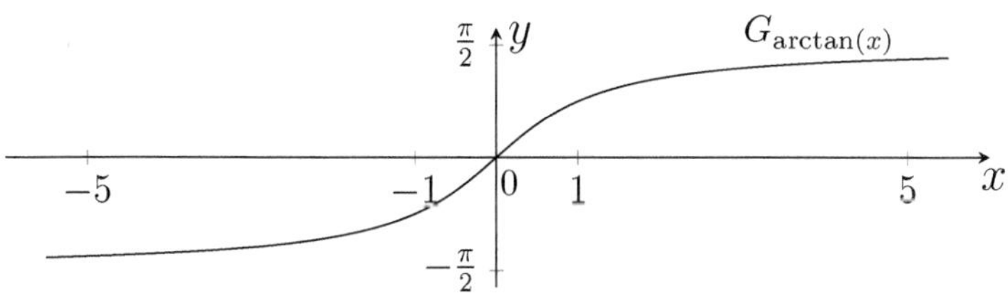

Abbildung 2.14: Arkustangens

2.6.3 Kurzaufgaben zum Verständnis

1. Die Anzahl der Lösungen $x \in \mathbb{R}$ zur Gleichung $e^{3x-1} = 0$ beträgt

   □ eins □ unendlich viele □ 0

2. Die Funktion $x \longmapsto e^{-|x|}$ ist achsensymmetrisch

   □ wahr □ falsch

3. Es gilt $e^{\ln(x)} = x$ für alle $x \in \mathbb{R}$

   □ ja □ nein □ nein, nur für $x > 0$

4. Es sei $f(x) = 2x - x\ln(x)$. Dann gilt $f(3e) =$

   □ $6e - 3e\ln(3)$ □ $3e(1 - \ln(3))$ □ $3e^2\ln(3e)$

5. Es ist $\arcsin(x) + \arccos(x) = \frac{\pi}{2}$ für alle $x \in [-1, 1]$

   □ wahr □ falsch

6. Für alle $x, a \in \mathbb{R}$ gilt $\sin^2(a \cdot x) + \cos^2(a \cdot x) = 1$

   □ wahr □ falsch □ nur wenn $a \neq 0$

2.6.4 Übungen

Lösungsvideos zu den Übungen können auf www.lsgn24h.de über die Eingabe des Lösungscodes abgerufen werden.

Kl A:

1. Berechnen Sie anhand von sinnvoll gewählten Dreiecken die folgenden Werte der trigonometrischen Funktionen:

   (a)
   $$\sin\left(\frac{\pi}{6}\right) = \frac{1}{2} \;,\; \cos\left(\frac{\pi}{6}\right) = \frac{\sqrt{3}}{2}$$
   (Lösungscode: SB04SF2A001)

   (b)
   $$\sin\left(\frac{\pi}{4}\right) = \cos\left(\frac{\pi}{4}\right) = \frac{\sqrt{2}}{2}$$
   (Lösungscode: SB04SF2A002)

   (c)
   $$\sin\left(\frac{\pi}{3}\right) = \frac{\sqrt{3}}{2} \;,\; \cos\left(\frac{\pi}{3}\right) = \frac{1}{2}$$
   (Lösungscode: SB04SF2A003)

2. Welche der folgende Funktionen besitzen welche Symmetrieeigenschaften?

   (a)
   $$f_i(x) = 2x^3 - \sin(x)$$
   (Lösungscode: SB04SF2A004)

   (b)
   $$f_{ii}(x) = \cos(x)\sin^2(x)$$
   (Lösungscode: SB04SF2A005)

   (c)
   $$f_{iii}(x) = \tan(x) + \cos(x)$$
   (Lösungscode: SB04SF2A006)

3. Skizzieren Sie die gedämpfte Schwingung, welche durch den folgenden Funktionsterm beschrieben wird

$$f(t) = e^{-0.26t} \sin(2t)$$

(Lösungscode: SB04SF2A007)

Kl B:

1. Bestimmen Sie alle reellen Lösungen der folgenden Gleichung

$$\tan(x) = 1$$

(Lösungscode: SB04SF2B001)

2. Bestimmen Sie zu folgender Gleichung

$$a = \log_a(x)$$

alle Lösungen in der Form $(a; x)$, für die gilt:

$$a, x \in \mathbb{Z} \quad \text{und} \quad a < 10^5$$

(Lösungscode: SB04SF2B002)

3. Beweisen Sie Gleichung (2.16)

(Lösungscode: SB04SF2B003)

4. Berechnen Sie die Gesamtzahl der Weizenkörner, welche der Erfinder des Schachspiels laut der „Weizenkornlegende“ hätte erhalten sollen.

(Lösungscode: SB04SF2B004)

Kl C:

1. Beweisen Sie Satz 2.6.2

(Lösungscode: SB04SF2C001)

2. Leiten Sie mit Hilfe der Definitionen der Seitenverhältnisse in einem rechtwinkligen Dreieck am Einheitskreis die folgenden zwei Beziehungen her für $\beta \in [0, \frac{\pi}{2}[$

$$\sin(\beta) = \frac{\tan(\beta)}{\sqrt{\tan^2(\beta)+1}} \ , \ \cos(\beta) = \frac{1}{\sqrt{\tan^2(\beta)+1}}$$

(Lösungscode: SB04SF2C002)

3. Berechnen Sie alle reellen Lösungen der folgenden Gleichung

$$3^{3x} + 3 \cdot 3^{2x} - 1 = 2\sqrt{2} + 5$$

(Lösungscode: SB04SF2C003)

4. Berechnen Sie alle reellen Argumentwerte der folgenden Funktion

$$f(x) = \log_3 \left(\log_{\frac{1}{3}} \left[\log_{0,3}(x) \right] \right)$$

falls gelte $f(x) = 2$.

(Lösungscode: SB04SF2C004)

Kl D:

1. Fortsetzung zu: Es sei $f : \mathbb{R}^+ \longrightarrow \mathbb{R}$ eine Funktion mit den Eigenschaften:

   I) $\forall \ x, y \in \mathbb{R}^+ : \ f(x \cdot y) = f(x) + f(y)$
   II) $\forall \ x \in \mathbb{R}^+ : \ f(x) \leq x - 1$

   Beurteilen Sie mit Hilfe der Ergebnisse aus Übung 2.4.5:

   (a) Ist $f(x) = \ln(x)$? Begründen Sie Ihre Entscheidung.

   (Lösungscode: SB04SF2D001)

   (b) $1 - \frac{1}{x} \leq \ln(x) \leq x - 1, \ x \in \mathbb{R}^+$

   (Lösungscode: SB04SF2D002)

   (c) die Logarithmusfunktion ist lokal Lipschitz-stetig, d. h.

   $$\forall \ a > 0 \ \exists \ L_a > 0 \ \forall \ x, y \geq a : \ |\ln(x) - \ln(y)| \leq L_a |x - y|$$

   (Lösungscode: SB04SF2D003)

   (d) die Logarithmusfunktion ist ein Monomorphismus der multiplikativen Gruppe $(\mathbb{R}^+, \cdot)$ in die additive Gruppe $(\mathbb{R}, +)$.

   (Lösungscode: SB04SF2D004)

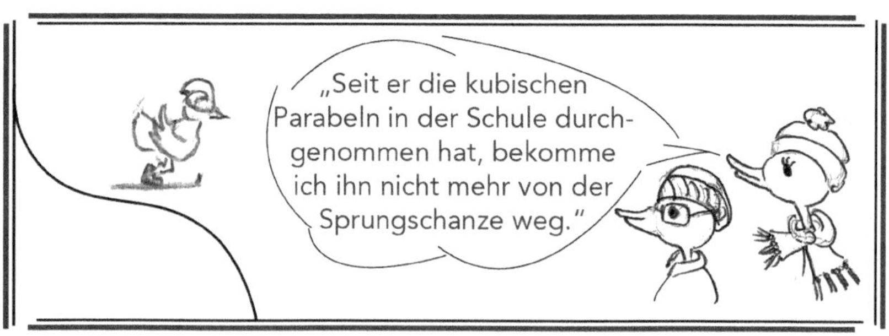
„Seit er die kubischen Parabeln in der Schule durchgenommen hat, bekomme ich ihn nicht mehr von der Sprungschanze weg."

3. Stetigkeit und Differenzierbarkeit

Gott existiert, weil die Mathematik widerspruchsfrei ist,
und der Teufel existiert, weil wir das nicht beweisen können.

André Weil (1906-1998)

3.1 Stetigkeit

Der Begriff der „Stetigkeit" ist zentral bei der Behandlung von Funktionen, da er einen Zusammenhang zwischen den Funktionswerten einer auf einem Intervall definierten Funktion formuliert, aus dem sich weitere Eigenschaften dieser Funktionen ableiten lassen, wie z. B. die Existenz einer Umkehrfunktion. Dies wird uns helfen, Argumentationslücken zu schließen, welche wir bei den Ad-hoc Einführungen der Umkehrfunktionen in den Kapiteln 2.4 und 2.6 noch gelassen hatten.
Um „Stetigkeit" definieren zu können, ist es notwendig, zuerst zu verstehen, was es bedeutet, dass eine Funktion einen Grenzwert besitzen kann. Wir werden einen solchen Grenzwert einer Funktion auf zweierlei Arten definieren – in der sogenannten ϵ-δ-Definition und mithilfe des Begriffs von konvergenten Folgen. Beide Definitionen sind gleichwertig, wobei wir die Stetigkeitsdefinition mittels Folgen für anschaulicher halten.
Aus diesem Grund beginnen wir dann auch mit der Definition des Grenzwertes mithilfe von Folgen.

Ergänzende Information Die elektronische Version dieses Kapitels enthält Zusatzmaterial, auf das über folgenden Link zugegriffen werden kann https://doi.org/10.1007/978-3-658-45345-9_3.

G. Schlüchtermann und N. Mahnke, *Basiswissen Ingenieurmathematik Band 4*,
https://doi.org/10.1007/978-3-658-45345-9_3

Da diese Definition des Grenzwertes einer Funktion auf der Konvergenz von Folgen basiert, verweisen wir auf die reellen Zahlenfolgen und deren Definition eines Grenzwertes in [SM01].

Für diesen Abschnitt gehen wir generell von $f : I \to \mathbb{R}$ aus. Dabei sei $I \subset \mathbb{R}$ ein Intervall. Bis auf Weiteres setzen wir voraus, dass I abgeschlossen ist, z. B. $I = [a, b]$.

Definition 3.1.1. *(Grenzwert einer Funktion mittels Folgen)*
Eine Funktion $f : [a, b] \longrightarrow \mathbb{R}$ besitzt bei $x_0 \in [a, b]$ den Grenzwert $A \in \mathbb{R}$, wenn für alle Folgen

$$(x_n)_{n \in \mathbb{N}} \subset [a, b] \setminus \{x_0\}$$

mit

$$\lim_{n \to \infty} x_n = x_0$$

die Folge der Funktionswerte gegen A konvergiert

$$\lim_{n \to \infty} f(x_n) = A$$

Bemerkungen 3.1.1.

1. *Im Falle, dass f gegen A konvergiert, schreibt man*

$$\lim_{x \to x_0} f(x) = A$$

2. *In der Definition 3.1.1 fällt auf, dass man bei der Festlegung der Folge im Intervall den Grenzwert x_0 ausgenommen hat. Dies erweist sich später noch als nützlich, wenn man in bestimmen Ausdrücken x_0 nicht einsetzen kann (z. B. wenn dadurch der Nenner eines Terms Null würde).*

3. *Weiter kann man mithilfe der Konvergenz von Funktionen z. B. eine Funktion, die nur auf einem Teilbereich $]a, b]$ definiert ist, geeignet auf den Rand d. h. $x_0 = a$ fortsetzen.*

4. *Umgangssprachlich lässt sich die Definition der Konvergenz einer Funktion mittels Folgen auch so formulieren: „Ganz gleich auf welchem Weg – also über welche Folge – man zum Punkt x_0 kommt oder sich ihm nähert, die entsprechenden Funktionswerte erreichen immer A.“*

Es gibt auch noch eine weitere, mehr geometrische Interpretation des Grenzwertes einer Funktion.
Besitzt nämliche eine Funktion bei x_0 den Grenzwert A, so kann man sich einen Bereich $]A-\varepsilon, A+\varepsilon[$ beliebig vorgeben (insbesondere für sehr kleines $\varepsilon > 0$) und will man nun, dass die Funktion in ihren Werten nicht aus diesem Bereich herausspringt, so muss dies für einen kleinen Bereich $x \in]x_0-\delta, x_0+\delta[\setminus\{x_0\}$ mit $(\delta > 0)$ der Fall sein, falls die Funktion gegen A konvergiert.
Kurz gesagt, man muss zu jedem vorgegebenen $\varepsilon > 0$ ein derartiges $\delta > 0$ finden können.

Satz 3.1.1. *(Grenzwert einer Funktion mittels Umgebungen)*
Eine Funktion $f : [a,b] \longrightarrow \mathbb{R}$ hat bei $x_0 \in [a,b]$ den Grenzwert $A \in \mathbb{R}$ genau dann wenn:

$$\forall\ \varepsilon > 0\ \exists\ \delta > 0 :\ \forall\ |x - x_0| < \delta, x \neq x_0, x \in [a,b] :$$
$$|f(x) - A| < \varepsilon$$

Wir werden Teile des Satzes 3.1.1 in der Formulierung der Stetigkeit mittels des ε-δ-Kriteriums wiederfinden.

Bevor wir uns aber der Definition der Stetigkeit einer Funktion zuwenden, ist es nützlich, die Grenzwertbildung bei reellen Funktionen auf die Bildung eines links- und rechtsseitigen Grenzwerts zurückzuführen.

Definitionen 3.1.2. *(links- und rechtsseitiger Grenzwert)*
Seien $f : [a,b] \to \mathbb{R}$ eine Funktion, $x_0 \in [a,b]$ und $A \in \mathbb{R}$ gegeben. Dann definiert man

1. *f besitzt in x_0 den* **linksseitigen Grenzwert** *A, falls für alle Folgen $(x_n)_{n\in\mathbb{N}}$, mit $x_n < x_0$ für alle $n \in \mathbb{N}$ und $\lim_{n\to\infty} x_n = x_0$, gilt*
$$\lim_{n\to\infty} f(x_n) = A$$
2. *f besitzt in x_0 den* **rechtsseitigen Grenzwert** *A, falls für alle Folgen $(x_n)_{n\in\mathbb{N}}$, mit $x_n > x_0$ für alle $n \in \mathbb{N}$ und $\lim_{n\to\infty} x_n = x_0$, gilt*
$$\lim_{n\to\infty} f(x_n) = A$$

Es schließen sich damit die folgenden Bemerkungen an:

Bemerkungen 3.1.2.

1. *Den linksseitigen Grenzwert erhält man auch aus Satz 3.1.1 für* $x < x_0$. *Man schreibt dann kurz*

$$\lim_{x \to x_0^-} f(x) = A \text{ oder } \lim_{x \uparrow x_0} f(x) = A$$

In der Literatur findet man für diesen linksseitigen Grenzwert ebenso die folgenden Schreibweisen, die wir aber nicht verwenden werden:

$$\lim_{x \overset{<}{\to} x_0}, \quad \lim_{x \nearrow x_0}, \quad \lim_{x \to x_0 -}$$

2. *Den rechtsseitigen Grenzwert erhält man auch aus Satz 3.1.1 für* $x > x_0$.
Man schreibt dann kurz

$$\lim_{x \to x_0^+} f(x) = A \text{ oder } \lim_{x \downarrow x_0} f(x) = A$$

In der Literatur findet man für diesen rechtsseitigen Grenzwert ebenso die folgenden Schreibweisen, die wir aber nicht verwenden werden:

$$\lim_{x \overset{>}{\to} x_0}, \quad \lim_{x \searrow x_0}, \quad \lim_{x \to x_0 +}$$

3. f *hat bei* x_0 *genau dann einen Grenzwert, wenn*

$$\lim_{x \to x_0^+} f(x) = \lim_{x \to x_0^-} f(x) = A = \lim_{x \to x_0} f(x)$$

Unter Verwendung des Grenzwertes einer Funktion f im Punkt x_0 kommen wir damit zum Begriff der Stetigkeit einer Funktion.

Definitionen 3.1.3. *(Stetigkeit: Folgenkriterium)*

- f *heißt bei* x_0 **punktweise stetig**, *wenn* $f(x_0)$ *existiert und*

$$\lim_{x \to x_0} f(x) = f(x_0)$$

- f *nennt man* **stetig auf dem Intervall** $[a, b]$, *wenn* f *in jedem Punkt* $x_0 \in [a, b]$ *stetig ist.*

Bemerkung 3.1.3. *(stetige Ergänzung)*
Die Funktion $f : I \to \mathbb{R}$ auf $I = [a,b] \setminus \{x_0\}$ sei stetig, in x_0 nicht definiert, aber es gelte

$$\lim_{x \to x_0} = A \in \mathbb{R}$$

Dann kann man durch sogenannte **stetige Ergänzung** *eine auf ganz $[a,b]$ stetige Funktion $\tilde{f}$ definieren*

$$\tilde{f}(x) = \begin{cases} f(x) & x \in [a,b] \setminus \{x_0\} \\ A & x = x_0 \end{cases}$$

Im Folgenden wollen wir einige elementare Eigenschaften des Grenzwertes bzw. der Stetigkeit notieren.

Satz 3.1.2.
Es seien die zwei Funktionen $f, g : [a,b] \to \mathbb{R}$ und $x_0 \in [a,b]$ gegeben. Setzt man voraus, dass die Grenzwerte

$$A = \lim_{x \to x_0} f(x) \quad \text{und} \quad B = \lim_{x \to x_0} g(x)$$

in $\mathbb{R}$ existieren. Dann gilt:

1.
$$\lim_{x \to x_0} (f(x) + g(x)) = A + B$$

2.
$$\lim_{x \to x_0} (f(x) \cdot g(x)) = A \cdot B$$

3. *$g(x) \neq 0$ für $x \in]x_0 - \delta, x_0 + \delta[$ und $B \neq 0$, so folgt*
$$\lim_{x \to x_0} \frac{f(x)}{g(x)} = \frac{A}{B}$$

und insbesondere:

> *Sind f und g bei x_0 stetig, so sind es auch $f + g, f \cdot g$ und $\frac{f}{g}$ (für $g(x_0) \neq 0$).*

Bemerkung 3.1.4.
Allgemein gilt, dass Polynomfunktionen, gebrochenrationale Funktionen, Potenzfunktionen, trigonometrische Funktionen, hyperbolische Funktionen, Exponentialfunktionen und Wurzelfunktionen auf ihrem jeweiligen maximalen Definitionsbereich stetig sind.

Die Stetigkeit ist grundsätzlich eine *lokale* Eigenschaft einer Funktion – sie hängt vom Verhalten der Funktion am betrachteten Punkt x_0 ab. Bevor wir eine globalere Variante der Stetigkeit einführen, betrachten wir zuerst noch die Beschreibung der Stetigkeit mithilfe von Umgebungen des betreffenden Punktes und seines zugehörigen Funktionswertes.

Satz 3.1.3. *(Stetigkeit: ϵ-δ-Kriterium)*
Seien $I \subset \mathbb{R}$ ein Intervall, $x_0 \in I$ und $f : I \longrightarrow \mathbb{R}$ eine Funktion. Dann ist f in x_0 stetig, genau dann wenn gilt:
Für alle $\epsilon > 0$ gibt es ein $\delta > 0$ mit

$$|f(x) - f(x_0)| < \epsilon$$

für alle $|x - x_0| < \delta,\ x \in [a, b]$

Bemerkungen 3.1.5.
Wir haben Satz 3.1.3 für ein beliebiges Umgebungsintervall von x_0 formuliert.
Dass der zugehörige Umgebungsradius $\delta > 0$ von dem vorgegebenen ϵ, dem Umgebungsradius zum Funktionswert $f(x_0)$, abhängt, scheint einleuchtend zu sein:
Wenn man nämlich den Bereich $]f(x_0)-\epsilon, f(x_0)+\epsilon[$ kleiner wählt (sprich $\epsilon > 0$ verkleinert), so muss man bei einer nicht konstanten Funktion auch näher an x_0 „heranrücken“.

Man kann sich fragen, ob man die Umgebungsradius $\delta > 0$ vielleicht unabhängig von x_0 wählen kann. Die Antwort ist „Ja“ und führt zur Definition der stärkeren Variante der Stetigkeit, nämlich zur gleichmäßigen Stetigkeit.

Definition 3.1.4. *(Gleichmäßige Stetigkeit)*
Seien $I \subset \mathbb{R}$ ein Intervall und $f : I \longrightarrow \mathbb{R}$ eine Funktion. Man nennt f auf I gleichmäßig stetig, wenn es

> *für alle $\epsilon > 0$ ein $\delta > 0$ gibt, so dass für alle $x_1, x_2 \in I$ mit $|x_1 - x_2| < \delta$ gilt:*

$$|f(x_1) - f(x_2)| < \epsilon$$

Die gleichmäßige Stetigkeit formuliert damit ohne festgelegten Punkt einen Zusammenhang zwischen jedem Intervall von Argumentwerten aus dem Definitionsbereich der Funktion f und einem Intervall der zugehörigen Funktionswerte.

Den Zusammenhang zwischen punktweiser und gleichmäßiger Stetigkeit formulieren die folgenden Sätze.

Satz 3.1.4.
Eine auf einem Intervall $I \subset \mathbb{R}$ gleichmäßig stetige Funktion $f : I \longrightarrow \mathbb{R}$ ist für alle $x_0 \in I$ punktweise stetig.

Satz 3.1.5.
Eine auf $[a, b]$ stetige Funktion $f : [a, b] \longrightarrow \mathbb{R}$ ist auf $[a, b]$ bereits gleichmäßig stetig.

Die gleichmäßige Stetigkeit ermöglicht es, den Begriff der Stetigkeit auf Potenzreihen anwenden zu können. Dieses wichtige Resultat, dass man in einem allgemeinen Kontext von konvergenten Funktionenfolgen ableiten kann, formuliert der folgende Satz.

Satz 3.1.6. *(Stetigkeit von Potenzreihen)*
Es sei

$$f(x) = \sum_{n=0}^{\infty} a_n (x - x_0)^n$$

eine Potenzreihe mit Konvergenzradius $r > 0$. Dann ist f auf dem Intervall $]x_0 - r, x_0 + r[$ stetig.

Es ist bei Potenzreihen immer wieder nützlich zu wissen, wie sie sich an den Rändern ihres Konvergenzintervalls verhalten. Ist die jeweilige Potenzreihe dort stetig oder nicht?
Wir wissen, dass für $|x - x_0| > r$ keine Konvergenz vorliegt. In einigen Fällen konvergiert aber die Potenzeihe für $|x - x_0| = r$. Dass sie im Konvergenzfall dann auch an den Ränder stetig ist, regelt der Konvergenzsatz von Abel[1].

[1] Niels Henrik Abel (1802-1829), Sohn eines Pastors mit sieben Geschwistern, wurde zuerst von seinem Vater unterrichtet, bis er im Alter von 13 Jahren zum ersten Mal eine Schule besuchte. Es war sein zweiter Lehrer, der sein mathematisches Talent entdeckte, ihn förderte und ihn dazu brachte, die Schriften von Poisson, Gauß, Newton, d'Alembert, Lagrange und Laplace zu studieren. Er besuchte schließlich ab 1821 die Universität von Christina und arbeitete auf den Gebieten der Funktional- und Integralgleichungen sowie elliptischen Funktionen. Berühmtheit erlangte er durch den Beweis der Unmöglichkeit der Auflösung einer allgemeinen Gleichung fünften Grades, den er 1824 vollendete. Zeitlebens litt er unter Geldnot, wurde nicht anerkannt (Gauß ignorierte ihn), war an Lungentuberkulose erkrankt und starb am 6.Mai zwei Tage bevor er durch August Crelles Vermittlung eine Stelle an der Universität Berlin bekam.
Seit dem Jahr 2000 verleiht der norwegische Monarch den Abel-Preis, einen Ersatz für den nicht existierenden Nobelpreis in Mathematik.

Satz 3.1.7. *(Konvergenzsatz von Abel)*
Gegeben sei eine Potenzreihe

$$f(x) = \sum_{n=0}^{\infty} a_n(x - x_0)^n$$

mit Konvergenzradius $r > 0$. Falls die Reihe für $x_0 + r$ (bzw. $x_0 - r$) konvergiert, so ist f im Intervall $[x_0, x_0 + r]$ (bzw. $[x_0 - r, x_0]$) stetig und die Partialsummen

$$S_m(x) = \sum_{n=0}^{m} a_n(x - x_0)^n$$

konvergieren auf $[x_0, x_0 + r]$ (bzw. $[x_0 - r, x_0]$) gleichmäßig (Definition 3.1.4), d. h.

$$\sup_{x \in [x_0, x_0 + r]} |f(x) - S_m(x)| \stackrel{m \to \infty}{\longrightarrow} 0$$

(bzw.

$$\sup_{x \in [x_0 - r, x_0]} |f(x) - S_m(x)| \stackrel{m \to \infty}{\longrightarrow} 0)$$

Damit haben wir neben der Stetigkeit als Eigenschaft der klassischen Funktionen (Bemerkung 3.1.4) auch die Stetigkeit von Potenzreihen formuliert (Satz 3.1.6).
Nun haben stetige Funktionen und damit die klassischen Funktionen und die Potenzreihen, Eigenschaften, welche wir im folgenden Abschnitt betrachten werden.

3.1.1 Eigenschaften stetiger Funktionen

Aus der Schule ist vielleicht noch die Erklärung der Stetigkeit bekannt, dass eine Funktion stetig ist, wenn ihr Graph in einem Zug ohne abzusetzen gezeichnet werden kann.
Diese Erklärung ist natürlich mathematisch unzureichend, bietet aber eine gute Anschauungsbasis für den folgenden Satz, bei welchem die Stetigkeit der betrachteten Funktion vorausgesetzt wird:

Der Zwischenwertsatz

Betrachten wir zuerst eine auf dem Intervall $[a, b] \in \mathbb{R}$ stetige Funktion f anhand ihres Graphen. Dabei sei der Wert von f bei $x = a$ negativ und bei $x = b$ positiv.

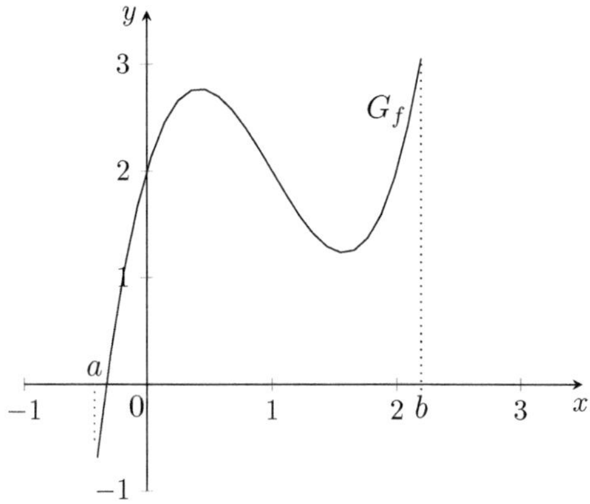

Abbildung 3.1: Graph einer stetigen Funktion

An dem Graphen in Abbildung 3.1 fällt auf, dass es zwischen a und b einen Wert $x_0 \in]a,b[$ geben muss, für welchen $f(x_0) = 0$ gilt. Tatsächlich ist dies für stetige Funktionen nicht ungewöhnlich, sondern eine allgemeine Eigenschaft, welche im speziellen Zwischenwertsatz formuliert wird.

Satz 3.1.8. *(Spezieller Zwischenwertsatz)*
Sei $f : [a,b] \to \mathbb{R}$ stetig und es existieren $c, d \in [a,b]$, mit $c < d$, $f(c) < 0$ und $f(d) > 0$. Dann gibt es ein $x_0 \in]c,d[$ mit $f(x_0) = 0$.

Beweis.
Halbiert man das Intervall $[c,d]$, so erhält man die gleich langen Teilintervalle $[c, w_1]$ und $[w_1, d]$. Ohne Einschränkung kann man annehmen, dass $f(w_1) > 0$ gilt. Man setze $x_1 = c, y_1 = w_1$ und halbiere erneut das Intervall $[x_1, y_1]$. Man erhält $[x_1, w_2]$ und $[w_2, y_1]$. Nun sei $f(w_2) < 0$. Man setze $x_2 = w_2$ und $y_2 = y_1$. Insgesamt erhält man aus dieser Konstruktion Folgen $(y_n)_{n\in\mathbb{N}}$ und $(x_n)_{n\in\mathbb{N}}$, mit Folgegliedern aus $[a,b]$ und den Eigenschaften

1. $|x_n - y_n| \leq \frac{b-a}{2^n}$, wobei $(x_n)_{n\in\mathbb{N}}$ monoton wachsend und $(y_n)_{n\in\mathbb{N}}$ monoton fallend ist.

2. $(x_n)_{n\in\mathbb{N}}$ ist nach oben beschränkt und $(y_n)_{n\in\mathbb{N}}$ ist nach unten beschränkt.

3. $f(x_n) < 0$ und $f(y_n) > 0$

Wegen 1. und 2. sind beide Folgen, $(x_n)_{n\in\mathbb{N}}$ und $(y_n)_{n\in\mathbb{N}}$, konvergent gegen den gleichen Grenzwert und dieser sei mit x_0 bezeichnet

$$\lim_{n\to\infty} x_n = \lim_{n\to\infty} y_n = x_0 \in [a,b]$$

($x_0 \in [a,b]$ gilt, da $[a,b]$ ein abgeschlossenes Intervall ist.)
Aus der Stetigkeit von f folgt dann

$$0 \geq \lim_{n\to\infty} f(x_n) = f(x_0) = \lim_{n\to\infty} f(y_n) \geq 0$$

und damit $f(x_0) = 0$. □

Die spezielle Situation $f(a) < 0$ und $f(b) > 0$ kann man auf beliebige Werte verallgemeinern.

Satz 3.1.9. *(Allgemeiner Zwischenwertsatz)*
Sei $f : [a,b] \to \mathbb{R}$ auf $[a,b]$ stetig. Es gelte weiterhin $f(a) < f(b)$. Dann gibt es zu jedem $f(a) < A < f(b)$ ein $x_0 \in]a,b[$ mit $f(x_0) = A$.

Beweis.
Wir definieren $g(x) = f(x) - A$. Dann ist g auch auf $[a,b]$ stetig und $g(a) < 0$ bzw. $g(b) > 0$ nach Voraussetzung an f.
Mit Satz 3.1.8 finden wir ein $x_0 \in]a,b[$, so dass $g(x_0) = 0$. Somit

$$f(x_0) = g(x_0) + A = A$$

□

Bemerkungen 3.1.6.

1. *Satz 3.1.9 kann problemlos auch für $f(a) > f(b)$ formuliert werden.*
2. *Den Zwischenwertsatz werden wir an vielen weiteren Stellen verwenden. Er stellt einen der wesentlichen Aussagen über stetige Funktionen dar.*
3. *Es ist übrigens der allgemeine Zwischenwertsatz, der die schulische Formulierung der Stetigkeit begründet: „Eine Funktion ist stetig, wenn ihr Graph ohne abzusetzen gezeichnet werden kann.“*

Dass stetige Funktionen den allgemeinen Zwischenwertsatz erfüllen, ist eine erste Konsequenz aus der Stetigkeit. Wir wenden uns damit einer weiteren Eigenschaft stetiger Funktionen zu.

Betrachten wir zunächst das folgende Bild einer stetigen Funktion.

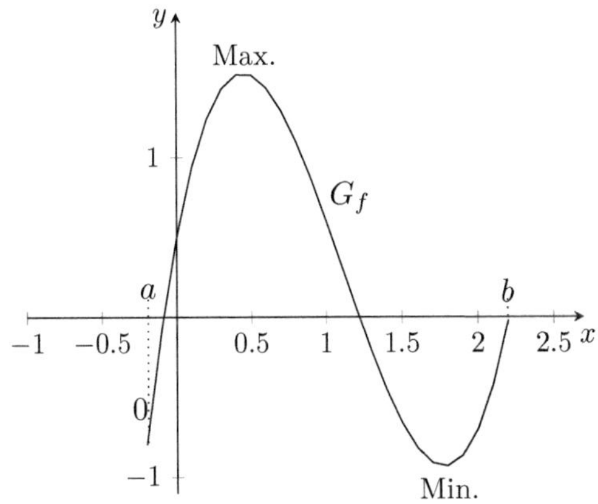

Abbildung 3.2: Extrema einer auf $[a, b]$ stetigen Funktion

In Abbildung 3.2 sieht man, dass es bei der gegebenen Funktion ein kleinster und auch größter Wert existieren. Dies ist bei stetigen Funktionen kein Sonderfall, sondern eine weitere allgemeine Eigenschaft. Denn eine auf einem abgeschlossenen Intervall definierte stetige Funktion nimmt dort immer ihr Maximum und Minimum an. Definieren wir aber zuerst einmal die beiden Begriffe.

Definition 3.1.5. *(lokale/relative Maxima und Minima)*
Sei $f : [a, b] \to \mathbb{R}$ eine reelle Funktion. Dann

1. *besitzt f in $x_0 \in]a, b[$ ein* **lokales Minimum**, *falls ein $\varepsilon > 0$ existiert, so dass $f(x) \geq f(x_0)$ gilt für alle $x \in]x_0 - \varepsilon, x_0 + \varepsilon[$.*

2. *besitzt f in $x_0 \in]a, b[$ ein* **lokales Maximum**, *falls ein $\varepsilon > 0$ existiert, so dass $f(x) \leq f(x_0)$ gilt für alle $x \in]x_0 - \varepsilon, x_0 + \varepsilon[$.*

Bemerkungen 3.1.7.

1. *Maxima und Minima einer Funktion bezeichnet man zusammenfassend als deren* **Extrema**.

2. *Zur Bezeichnung „lokal“ bei Extrema existiert eine Erweiterung, die des „globalen/absoluten“ Extremums, welche im Satz 3.1.10 definiert wird.*

Der Zusammenhang zwischen der Stetigkeit einer Funktion und der Existenz von Extrema wird in folgendem Satz (ohne Beweis) formuliert.

Satz 3.1.10.
Sei $f : [a,b] \to \mathbb{R}$ stetig für alle $x \in [a,b]$. Dann existieren Werte $c, d \in [a,b]$ mit

- $f(c) = \inf\{f(x); x \in [a,b]\}$ *(globales Minimum bei c)*
- $f(d) = \sup\{f(x); x \in [a,b]\}$ *(globales Maximum bei d)*

Bemerkung 3.1.8.
Die Abgeschlossenheit des Intervalls, auf dem eine Funktion definiert ist, wie deren Stetigkeit auf dem Intervall, sind dabei notwendige Voraussetzungen für die Existenz von Extrema, wie die nächsten beiden Beispiele zeigen.

Beispiele 3.1.1.

1. *Wir betrachten die Funktion $f :]0,1] \longrightarrow \mathbb{R}$, mit*

$$f(x) = \frac{1}{x}$$

Dann ist f stetig, aber es gibt kein x_0, so dass f bei x_0 ein globales Maximum besitzt, da

$$\lim_{x \downarrow 0} f(x) = \infty.$$

2. *Wir definieren jetzt $f : [0,1] \longrightarrow \mathbb{R}$ durch*

$$f(x) = \begin{cases} \frac{1}{x} & x \in]0,1] \\ 0 & x = 0 \end{cases}$$

Dann ist f bei $x = 0$ nicht stetig und es gibt immer noch kein x_0, so dass f bei x_0 ein globales Maximum besitzt, da

$$\lim_{x \downarrow 0} f(x) = \infty \neq 0$$

Bleibt abschließend noch zu sagen, dass die Existenz von Extrema bei stetigen Funktionen einschließt, dass Extrema auch an den Randpunkten des Definitionsbereiches der jeweiligen Funktion existieren können.

3.1.2 Kurzaufgaben zum Verständnis

1. Sind $f, g : [a, b] \longrightarrow \mathbb{R}$ bei $x_0 \in [a, b]$ stetig, so ist auch immer $f \cdot g$ bei x_0 stetig.

   □ wahr □ falsch

2. Sind $f, g : [a, b] \longrightarrow \mathbb{R}$ bei $x_0 \in [a, b]$ stetig, so ist auch immer $\frac{f}{g}$ stetig

   □ wahr □ falsch

3. Ist $f :]a, b] \longrightarrow \mathbb{R}$ monoton wachsend (fallend), dann existiert

   $$\lim_{x \downarrow a} f(x)$$

   □ wahr □ falsch
   □ nur wenn f nach oben (unten) beschränkt ist

4. Ist $f :]a, b] \longrightarrow \mathbb{R}$ mit $\lim_{x \downarrow a} |f(x)| = \infty$, dann gilt

   $$\lim_{x \downarrow a} \frac{1}{f(x)} =$$

   □ existiert nicht □ 0, nur wenn f positiv □ 0

5. Es gibt eine stetige Funktion $f :]0, 1] \longrightarrow \mathbb{R}$, die beschränkt ist und ihr Supremum nicht annimmt.

   □ wahr □ falsch

6. Es gibt eine stetige Funktion $f :]0, 1] \longrightarrow \mathbb{R}$, die unendlich viele Nullstellen besitzt.

   □ wahr □ falsch

7. Die Polynomfunktion

   $$f(x) = x^5 + 4x^4 + x^2 + 140$$

   besitzt eine reelle Nullstelle.

   □ wahr □ falsch

3.1.3 Übungen

Lösungsvideos zu den Übungen können auf www.lsgn24h.de über die Eingabe des Lösungscodes abgerufen werden.

Kl A:

1. Bestimmen Sie die folgenden Grenzwerte

   (a)
   $$\lim_{x \to 0} \frac{x^2 + \sin(x)}{x}.$$
   (Lösungscode: SB04ST0A001)

   (b)
   $$\lim_{x \to 0} \frac{\tan(x)}{\sin(x)}.$$
   (Lösungscode: SB04ST0A002)

   (c)
   $$\lim_{x \to -\infty} \frac{x^{-100}}{e^{3x}}$$
   (Lösungscode: SB04ST0A003)

   Verwenden Sie, falls bekannt, **nicht** die Regel von l'Hôpital.

2. Bestimmen Sie jeweils die Definitionsmenge und den Wertebereich der folgenden Funktionen

   (a)
   $$f_i(x) = \ln(x-1)$$
   (Lösungscode: SB04ST0A004)

   (b)
   $$f_{ii}(x) = -2 + \sqrt{x^2 - 16}$$
   (Lösungscode: SB04ST0A005)

   (c)
   $$f_{iii}(x) = 2 + e^{\sqrt{1-x^2}}$$
   (Lösungscode: SB04ST0A006)

3. Überprüfen Sie die folgende Funktion auf Stetigkeit:

$$h(x) = \frac{24x^2 + 20x + 4}{24x^2 - 6}$$

(Lösungscode: SB04ST0A007)

Kl B:

1. Bestimmen Sie jeweils den Grenzwert

(a)

$$\lim_{x \to 4} \frac{4 - x}{2 - \sqrt{x}}$$

(Lösungscode: SB04ST0B001)

(b)

$$\lim_{x \to \frac{1}{2}} \frac{2x^2 + x - 1}{4x^2 - 1}$$

(Lösungscode: SB04ST0B002)

(c) Zu $a \in \mathbb{R}$ fest:

$$\lim_{x \to a} \frac{x^4 - a^4}{x - a}$$

(Lösungscode: SB04ST0B003)

(d)

$$\lim_{x \to 0} \frac{\sqrt{1 + x} - 1}{x}$$

(Lösungscode: SB04ST0B004)

(e)

$$\lim_{x \to 0} \frac{\tan(x)}{x}$$

(Lösungscode: SB04ST0B005)

(f)

$$\lim_{x \to \frac{\pi}{2}} \frac{1 - \sin(x)}{\cos(x)}$$

(Lösungscode: SB04ST0B006)

2. (a) Zeigen Sie für $x > 0$:

$$x - \sqrt{x^2 + 3x} = -\frac{3}{1 + \sqrt{1 + \frac{3}{x}}}$$

(Lösungscode: SB04ST0B007)

(b) Bestimmen Sie

$$\lim_{x \to \infty} (x - \sqrt{x^2 + 3x})$$

(Lösungscode: SB04ST0B008)

3. Überprüfen Sie die folgende Funktion auf Stetigkeit:

$$f(x) = \begin{cases} \ln(e - x) & 0 \le x < e \\ e^x(2x^2 + 5x + 1) & x < 0 \end{cases}$$

(Lösungscode: SB04ST0B009)

Kl C:

1. Für welches $a \in \mathbb{R}$ existiert

$$\lim_{x \to 2} \left(\frac{1}{x^2 - 4} - \frac{a}{x - 2} \right)?$$

(Lösungscode: SB04ST0C001)

2. Es seien $f, g : [a, b] \longrightarrow \mathbb{R}$ stetig. Zeigen Sie mithilfe des ϵ-δ-Kriteriums für Stetigkeit:

$$|f|(x) = |f(x)| \text{ und } \max(f, g)(x) = \max(f(x), g(x))$$

sind wieder stetig auf $[a, b]$.

(Lösungscode: SB04ST0C002)

3. Sei $f : [a, b] \longrightarrow [a, b]$ mit $|f(x) - f(y)| < |x - y|$, mit $x, y \in [a, b]$. Dann gibt es genau einen Fixpunkt $\xi \in [a, b]$ von f. Wählt man ein beliebiges $x_1 \in [a, b]$, so konvergiert die rekursiv definierte Folge $x_{n+1} = f(x_n)$, $n \in \mathbb{N}$ gegen ξ.

(Lösungscode: SB04ST0C003)

4. Seien $|x| \neq 1$ und $n, m \in \mathbb{N}$

   (a) Zeigen Sie

$$\frac{x^n - 1}{x^m - 1} = \frac{x^{n-1} + x^{n-2} + \ldots + x + 1}{x^{m-1} + x^{m-2} + \ldots + x + 1}$$

(Lösungscode: SB04ST0C004)

   (b) Bestimmen Sie

$$\lim_{x \to 1} \frac{x^n - 1}{x^m - 1}$$

(Lösungscode: SB04ST0C005)

5. Sei $f : [a, b] \longrightarrow \mathbb{R}$ monoton. Dann ist die Menge der Unstetigkeitsstellen abzählbar.

(Lösungscode: SB04ST0C006)

6. Zeigen Sie, dass es zu jeder Zeit zwei entgegengesetzt liegende Punkte auf dem Erdäquator gibt, die die selbe Temperatur besitzen.

(Lösungscode: SB04ST0C007)

(Hinweis: Geben Sie einen Punkt auf dem Erdäquator mit $P(\varphi)$, $\varphi \in [-\pi, \pi]$ an und verwenden für $f(\varphi) = T(\varphi) - T(\varphi + \pi)$, $\varphi \in [-\pi, 0]$ den Zwischenwertsatz geeignet. $T : [-\pi, \pi] \longrightarrow \mathbb{R}$ gibt die Temperaturverteilung im Punkt $P(\varphi)$ wieder und T wird als stetig vorausgesetzt).

7. Geben Sie ein Beispiel einer Folge von stetigen Funktionen $f_n : [a, b] \longrightarrow \mathbb{R}$ an mit

$$\sup_{n \in \mathbb{N}, x \in [a,b]} |f(x)| < \infty ,$$

so dass

$$f(x) = \sup\{f_n(x); n \in \mathbb{N}\}$$

nicht stetig auf $[a, b]$ ist.

(Lösungscode: SB04ST0C008)

Kl D:

1. Für welche $\alpha > 0$ ist

$$f(x) = \begin{cases} x^\alpha \sin\left(\frac{1}{x}\right) & \text{für } x > 0 \\ 0 & \text{für } x \leq 0 \end{cases}$$

   in $x = 0$ stetig? Wie sieht es mit Stetigkeit für $\alpha = 0$ aus?

   (Lösungscode: SB04ST0D001)

2. Beweisen Sie Satz 3.1.5.
   (Tipp: Verwenden Sie den Satz von Bolzano-Weierstraß)

   (Lösungscode: SB04ST0D002)

3. Sei $f : [a, b] \longrightarrow [a, b]$ stetig. Zeigen Sie, dass f einen Fixpunkt hat, d. h. es gibt ein $\xi \in [a, b]$ mit $f(\xi) = \xi$.

   (Lösungscode: SB04ST0D003)

4. Eine Funktion $f : \mathbb{D}_f \longrightarrow \mathbb{R}$ nennt man *Lipschitz-stetig* auf $\mathbb{D}_f$, wenn es ein $L > 0$ gibt, so dass für alle $x, y \in \mathbb{D}_f$ gilt:
   $|f(x) - f(y)| \leq L|x - y|$.

   Eine Funktion $f : \mathbb{D}_f \longrightarrow \mathbb{R}$ nennt man *Hölder-stetig* auf $\mathbb{D}_f$ zum Exponenten $\alpha > 0$, wenn es ein $L > 0$ gibt, so dass für alle $x, y \in \mathbb{D}_f$ gilt:
   $|f(x) - f(y)| \leq L|x - y|^\alpha$.

   (a) Zeigen Sie: Jede Lipschitz-stetige f Funktion ist auch Hölder-stetig und gleichmäßig stetig.

   (Lösungscode: SB04ST0D004)

   (b) Zeigen Sie, dass $f : [0, \infty[\longrightarrow \mathbb{R}$, $f(x) = \sqrt{x}$ Hölder-stetig, aber nicht Lipschitz-stetig ist.

   (Lösungscode: SB04ST0D005)

   (c) Zeigen Sie, dass $f(x) = \ln(x)$, $x > 0$, stetig ist.

   (Lösungscode: SB04ST0D006)

   (d) Zeigen Sie, dass $g : [0, 1[\longrightarrow \mathbb{R}$, $g(0) = 0$ und $g(x) = \frac{1}{\ln(x)}$ stetig, aber nicht Hölder-stetig ist.

   (Lösungscode: SB04ST0D007)

3.2 Differenzierbare Funktionen

Untersucht man den Quotienten der beschreibt, in welchem Verhältnis sich der Wert einer Funktion ändert, wenn man den Wert des Arguments variiert, kommt man unweigerlich auf den Begriff der Differenzierbarkeit einer Funktion. Dieser Begriff lässt sich, wie aus der Schule bekannt sein kann, recht anschaulich herleiten. Dabei ist die Anschauung dienlich, das allgemeine Konzept hinter der Differenzierbarkeit besser zu verstehen.
Die Anwendungen der zur Differenzierbarkeit gehörenden Differenzialrechnung sind fast grenzenlos. Dazu gehören die Mechanik, die Physik im Allgemeinen, die Wirtschaftswissenschaften und dort insbesondere das Gebiet der Optimierung.

Seien $f : [a, b] \to \mathbb{R}$ eine Funktion und $x_0 \in]a, b[$. Wir wollen das Änderungsverhalten von f in x_0 untersuchen.
Als Änderungsverhalten einer Funktion f wird das Verhältnis aus der Änderung der Funktionswerte Δf zur Änderung des Argumentwertes Δx bezeichnet.

Im Falle einer linearen Funktion g, deren Graph eine Gerade ist, ist das Änderungsverhalten $\frac{\Delta g}{\Delta x}$ gleich der Steigung der Geraden und damit in jedem Punkt x_0 ihres Definitionsbereiches konstant.

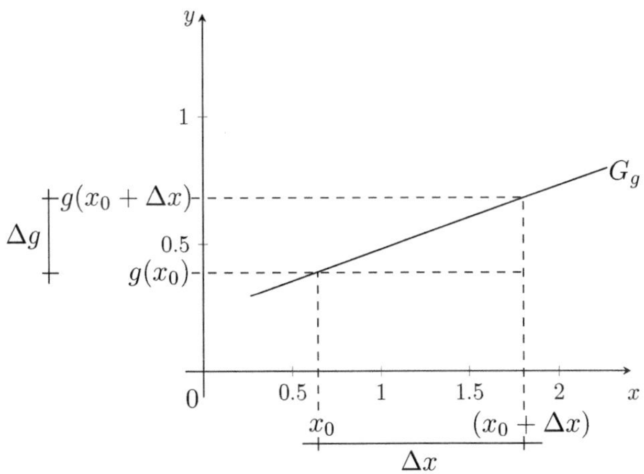

Abbildung 3.3: Änderungsverhalten einer linearen Funktion

Um das Änderungsverhalten einer beliebigen stetigen nichtlinearen Funktion f in einem Punkt $(x_0, f(x_0))$ zu bestimmen, soll dieses Änderungsverhalten auf die Steigung einer ausgezeichneten Geraden zurückgeführt werden, die durch den besagten Punkt verläuft.
Ein erster – wenn auch naiver – Ansatz wäre es, eine Sekante g zu wählen, welche mit der Funktion f den Punkt $(x_0, f(x_0))$ und den auf der Abszisse um Δx entfernt liegenden Punkt $(x_0 + \Delta x, f(x_0 + \Delta x))$ gemein hätte.

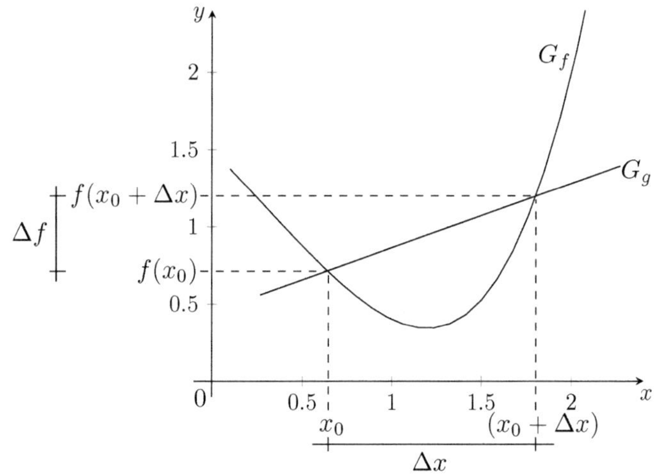

Abbildung 3.4: Sekante auf einer stetigen Funktion

Die Steigung der Sekanten g ließe sich durch folgenden Quotienten bestimmen

$$\frac{\Delta g}{\Delta x} = \frac{f(x_0 + \Delta x) - f(x_0)}{(x_0 + \Delta x) - x_0} = \frac{f(x_0 + \Delta x) - f(x_0)}{\Delta x} = \frac{\Delta f}{\Delta x} \tag{3.1}$$

Die Gleichung der Sekante g lautet mit der Steigung (3.1)

$$g(x) = \frac{f(x_0 + \Delta x) - f(x_0)}{\Delta x} \cdot (x - x_0) + f(x_0)$$

Nun war natürlich die Sekante g in ihrer Steigung vollkommen willkürlich gewählt und kann so nicht als Maß für die Steigung der Funktion f im Punkt $(x_0, f(x_0))$ herhalten.

Je kleiner aber Δx ist, desto näher liegt der zweite Schnittpunkt der Sekante am Punkt $(x_0, f(x_0))$.

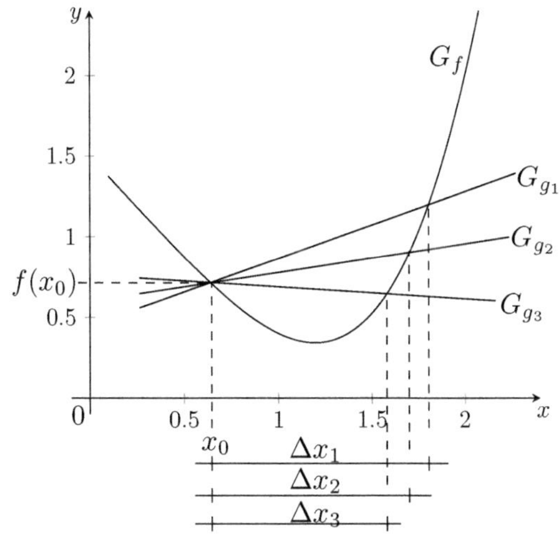

Abbildung 3.5: Sekanten bei kleineren Abständen $\Delta x_1 > \Delta x_2 > \Delta x_3$

Für $\Delta x \to 0$ wird, falls die Grenzwertbildung möglich ist, die Gerade g zur Tangente an f in x_0 und stellt damit unter allen möglichen Geraden einen Sonderfall dar. Im Grenzfalle gilt für die Steigung der Geraden g, dass der folgende Grenzwert berechnet werden kann

$$\lim_{\Delta x \to 0} \frac{f(x_0 + \Delta x) - f(x_0)}{\Delta x} \tag{3.2}$$

Bemerkungen 3.2.1.

- *Der Ausdruck (3.1) zur Berechnung der Steigung der Sekante wird auch der* **Differenzenquotient** *genannt, da es sich um einen Quotienten von Differenzen handelt.*

- *Der Ausdruck (3.2) zur Berechnung der Steigung der Tangente wird auch, falls der Grenzwert in $\mathbb{R}$ existiert, der* **Differenzialquotient** *genannt, da er sich als ein Quotienten von infinitesimalen (unendlich kleinen) Differenzen, sogenannten* **Differenzialen** *$(\Delta x \to dx \Rightarrow f(x_0 + \Delta x) - f(x_0) \to df)$ bezeichnen lässt.*

Wie bereits erwähnt, muss der Grenzwert (3.2) nicht notwendig in einem gegebenen Punkt x_0 existieren. Existiert der Grenzwert jedoch in x_0 spricht man davon, dass die Funktion f in x_0 differenzierbar ist, woraus sich die folgende formale Definition der Differenzierbarkeit ableitet.

Definition 3.2.1. *(Differenzierbarkeit)*
Eine Funktion $f : [a, b] \longrightarrow \mathbb{R}$ nennt man in $x_0 \in]a, b[$ **differenzierbar**, *wenn der Grenzwert des Differenzenquotienten, der Differenzialquotient, existiert*

$$\lim_{\Delta x \to 0} \frac{f(x_0 + \Delta x) - f(x_0)}{\Delta x} = \lim_{x \to x_0} \frac{f(x) - f(x_0)}{x - x_0} \in \mathbb{R}\,, \qquad (x = x_0 + \Delta x)$$

In diesem Fall schreibt man:

$$f'(x_0) = \lim_{x \to x_0} \frac{f(x) - f(x_0)}{x - x_0} = \frac{df(x_0)}{dx}$$

Definition 3.2.2. *(1. Ableitung)*
Existiert für eine Funktion $f : [a, b] \longrightarrow \mathbb{R}$ der Differenzialquotient $f'(x_0)$, in $x_0 \in]a, b[$, so wird dieser die **erste Ableitung** *von f in x_0 genannt*[2].
Existiert die erste Ableitung für alle $x_0 \in]a, b[$, so ist f' selber wieder eine Funktion von x_0.
In diesem Fall definiert man unabhängig von x_0

$$f'(x) = \lim_{\Delta x \to 0} \frac{f(x + \Delta x) - f(x)}{\Delta x} = \frac{df(x)}{dx} \tag{3.3}$$

für die erste Ableitung als Funktion $f' :]a, b[\to \mathbb{R}$.

Bemerkungen 3.2.2.

1. *An einem Punkt x_0 differenzierbar zu sein ist eine* **lokale Eigenschaft** *einer Funktion.*
2. *Ist f in x_0 differenzierbar, so wird die Steigung der Sekante g im Grenzfall die Steigung der Tangente von f in x_0.*
3. *Die Schreibweise $f'(x)$ – gelesen „f-Strich von x“ – für die erste Ableitung geht auf die Arbeiten von Sir Issac Newton zurück, der diese Notation verwendete. Sie wird auch* **Newton-Schreibweise** *genannt.*

[2] $f'(x_0)$ wird auch Wert der ersten Ableitung von f in x_0 genannt.

4. *Die Schreibweise* $\frac{df(x)}{dx}$ *– gelesen „d nach dx von f von x“ – für die erste Ableitung geht auf die Arbeiten von Gottfried Wilhelm Leibniz zurück, der diese Notation verwendete. Sie wird auch als* **Leibniz-Schreibweise** *bezeichnet.*

5. *Andere Schreibweisen für* $f'(x_0)$*:*
Neben der Newton- und der Leibniz-Schreibweise existieren inzwischen noch weitere äquivalente Schreibvarianten für die Ableitung einer Funktion f *in einem Punkt* x_0*:*

$$\begin{aligned} f'(x_0) &= f'(x)|_{x=x_0} \\ &= \left.\frac{df}{dx}\right|_{x=x_0} = \frac{df}{dx}(x_0) = \left.\frac{d}{dx}f(x)\right|_{x=x_0} \\ &= \frac{d}{dx}f(x_0) = \left.\frac{df(x)}{dx}\right|_{x=x_0} = \frac{df(x_0)}{dx} \end{aligned}$$

Definitionen 3.2.3. *(global, stetig, links-, rechtsseitig differenzierbar)*

1. *Wir sagen* f *ist auf* $]a,b[$ **(global) differenzierbar**, *wenn* f *für alle* $x_0 \in]a,b[$ *differenzierbar ist.*

2. *Ist* f *für alle* $x_0 \in]a,b[$ *differenzierbar und ist* $f'(x)$ *als Funktion stetig, so sagt man, dass* f *auf* $]a,b[$ **stetig differenzierbar** *ist.*

3. *Man kann die Differenzierbarkeit auch einseitig von links für* $x_0 \in]a,b]$ *und von rechts für* $x_0 \in [a,b[$ *definieren:*
Seien $f : [a,b] \longrightarrow \mathbb{R}$ *und* $x_0 \in [a,b]$*. Man sagt,*

   (a) f *ist in* x_0 **linksseitig differenzierbar**, *besitzt dort eine linksseitige Ableitung (für* $x_0 > a$*), wenn der Grenzwert*
   $$f'_{(-)}(x_0) = \lim_{x \uparrow x_0} \frac{f(x) - f(x_0)}{x - x_0} \tag{3.4}$$
   existiert.

   (b) f *ist in* x_0 **rechtsseitig differenzierbar**, *besitzt dort eine rechtsseitige Ableitung (für* $x_0 < b$*), wenn der Grenzwert*
   $$f'_{(+)}(x_0) = \lim_{x \downarrow x_0} \frac{f(x) - f(x_0)}{x - x_0} \tag{3.5}$$
   existiert.[3]

[3] Für $[a,b]$ kann f bei a nur rechtsseitig und bei b nur linksseitig differenzierbar sein.

Bevor wir uns als Nächstes mit den Regeln der Differenzialrechnung (den Ableitungsregeln) intensiver beschäftigen, wollen wir noch zwei einfache Beispiele bereitstellen.

Beispiele 3.2.1.

1. *Zuerst betrachten wir die Funktion zur Standardparabel:*

$$f : \mathbb{R} \longrightarrow \mathbb{R}\,, \quad x \mapsto f(x) = x^2$$

Wir zeigen, dass f an jeder Stelle $x_0 \in \mathbb{R}$ differenzierbar ist und damit, dass für ein festes $x_0 \in \mathbb{R}$

$$\lim_{x \to x_0} \frac{f(x) - f(x_0)}{x - x_0}$$

existiert. Dazu berechnet man den Differenzenquotienten

$$\frac{f(x) - f(x_0)}{x - x_0} = \frac{x^2 - x_0^2}{x - x_0} = \frac{(x - x_0)(x + x_0)}{x - x_0} = x + x_0$$

und anschließend den Differenzialquotienten

$$\lim_{x \to x_0} \frac{f(x) - f(x_0)}{x - x_0} = \lim_{x \to x_0} (x + x_0) = 2x_0 = f'(x_0)$$

Mit der Substitution $x_0 \to x$ erhalten wir die Ableitungsfunktion $f'(x) = 2x$, eine Funktion, die auf $\mathbb{R}$ stetig ist.
Daher ist $f(x) = x^2$ auf ganz $\mathbb{R}$ sogar stetig differenzierbar.

2. *In diesem zweiten Beispiel zeigen wir, dass es überall stetige Funktionen gibt, die nicht überall differenzierbar sind.*
Wir betrachten die Betragsfunktion $|\,.\,| : \mathbb{R} \longrightarrow \mathbb{R}$ mit

$$x \mapsto f(x) := |x| = \begin{cases} x & \text{falls } x \geq 0 \\ -x & \text{falls } x < 0 \end{cases}$$

Als Übung rechne man nach: Ist $x_0 > 0$, so ist f dort differenzierbar mit $f'(x_0) = 1$. Ebenso einfach folgt $f'(x_0) = -1$ falls $x_0 < 0$ ist. Der kritische Punkt ist $x_0 = 0$. Für die Ableitung von f in $x_0 = 0$ bestimmen wir die rechtsseitige Ableitung:

$$\lim_{x \downarrow 0} \frac{f(x) - f(0)}{x - 0} = \lim_{x \downarrow 0} \frac{f(x)}{x} = \lim_{x \downarrow 0} \frac{x}{x} = 1$$

(man beachte: $0 = f(0)$) und die linksseitige Ableitung von f in $x_0 = 0$:

$$\lim_{x \uparrow 0} \frac{f(x) - f(x_0)}{x - x_0} = \lim_{x \uparrow 0} \frac{f(x)}{x} = \lim_{x \uparrow 0} \frac{-x}{x} = -1$$

(man beachte:$f(x) = -x$ für $x < 0$).
Damit existiert kein eindeutiger Wert der Ableitung bzw. des Differenzialquotienten bei $x_0 = 0$, weil die rechtsseitige und die linksseitige Ableitung dort nicht übereinstimmen. Folglich ist f außer bei $x_0 = 0$ auf ganz $\mathbb{R}$ differenzierbar, wohl aber auf ganz $\mathbb{R}$ stetig.

Wie Beispiel 3.2.1 anhand der Funktion $f(x) = |x|$ zeigt, kann die Stetigkeit einer Funktion keine hinreichende Bedingung für deren Differenzierbarkeit sein. Aber vielleicht gilt ja die Umkehrung. Der folgende Satz bestätigt die Vermutung.

Satz 3.2.1.
Es sei $f : [a, b] \longrightarrow \mathbb{R}$ an der Stelle $x_0 \in]a, b[$ differenzierbar. Dann ist f bei x_0 stetig.

Beweis.
Zum Beweis beginnen wir bei der Definition der Ableitung von f in x_0:

$$f'(x_0) = \lim_{x \to x_0} \frac{f(x) - f(x_0)}{x - x_0}$$

$$\Rightarrow \; 0 = \lim_{x \to x_0} f'(x_0)(x - x_0) = \lim_{x \to x_0} (f(x) - f(x_0))$$

$$\Rightarrow \; \lim_{x \to x_0} f(x) = \lim_{x \to x_0} f(x_0) = f(x_0)$$

Was zu zeigen war. □

Bemerkung 3.2.3.
Um den Zusammenhang bzw. den Nichtzusammenhang zwischen der Stetigkeit und der Differenzierbarkeit einer Funktion zu verdeutlichen, werden wir am Ende des nächsten Abschnitts 3.2.1 eine Funktion kennenlernen, die zwar überall stetig ist, aber nirgends differenzierbar.
Man merke sich:

Aus Differenzierbarkeit folgt Stetigkeit.

Die Umkehrung gilt i. A. nicht.

3.2.1 Regeln für das Differenzieren

Wie wir in den Beispielen 3.2.1 gesehen haben, konnte als erste Ableitung zur Funktion $f(x) = x^2$ auf deren maximalen Definitionsbereich die Funktion $f'(x) = 2x$ bestimmt werden. Es stellt sich die Frage, ob für jede Funktion auch immer eine Ableitungsfunktion existiert. Für elementare Funktionen ist dies sicherlich der Fall, wie wir noch sehen werden. Aber Unabhängig davon, ob zu jeder elementaren Funktion eine Ableitungsfunktion bestimmt werden kann, gelten allgemeine Ableitungsregeln für Verknüpfungen von Funktionen, welche im folgenden Satz zusammengefasst sind:

Satz 3.2.2. *(Summenregel, Produktregel und Quotientenregeln)*
Die Funktionen $f, g : [a, b] \to \mathbb{R}$ seien differenzierbar in $x_0 \in]a, b[$. Dann gilt:

1. **Die Summenregel:** *$f + g$ ist bei x_0 differenzierbar, mit*

$$(f + g)' \cdot (x_0) = f'(x_0) + g'(x_0)$$

2. **Die Produktregel:** *$f \cdot g$ ist bei x_0 differenzierbar, mit*

$$(f \cdot g)' \cdot (x_0) = f'(x_0) \cdot g(x_0) + f(x_0) \cdot g'(x_0)$$

3. **Die „kleine" Quotientenregel:** *$\frac{1}{g}$ ist bei x_0 differenzierbar, für $g(x_0) \neq 0$, mit*

$$\Rightarrow \left(\frac{1}{g}\right)' (x_0) = -\frac{g'(x_0)}{(g(x_0))^2}$$

4. **Die („große") Quotientenregel:** *$\frac{f}{g}$ ist bei x_0 differenzierbar, für $g(x_0) \neq 0$, mit*

$$\Rightarrow \left(\frac{f}{g}\right)' (x_0) = \frac{f'(x_0) \cdot g(x_0) - f(x_0) \cdot g'(x_0)}{(g(x_0))^2}$$

Die Beweise zu Summen-, Produkt- und Quotientenregel aus Satz 3.2.2 erfolgen durch direktes Nachrechnen mithilfe des Differenzenquotienten und sind Teil der Übung. Die so relevante „kleine" Quotientenregel werden wir dennoch im Folgenden exemplarisch beweisen

Beweis.

$$\begin{aligned} f(x) &= \frac{1}{g(x)} \ , \ x = x_0 \ , \ g(x_0) \neq 0 \\ \Rightarrow f'(x_0) &= \lim_{\Delta x \to 0} \frac{\frac{1}{g(x_0+\Delta x)} - \frac{1}{g(x_0)}}{\Delta x} = \lim_{\Delta x \to 0} \frac{\frac{g(x_0)-g(x_0+\Delta x)}{g(x_0+\Delta x)g(x_0)}}{\Delta x} \\ &= \lim_{\Delta x \to 0} \frac{-1}{g(x_0+\Delta x)g(x_0)} \cdot \frac{g(x_0+\Delta x)-g(x_0)}{\Delta x} \\ &= -\frac{g'(x_0)}{(g(x_0))^2} \end{aligned}$$

□

Auch für verkettete Funktionen lässt sich (hier ohne Beweis) eine Ableitungsregel, die sogenannte Kettenregel formulieren, wobei die Voraussetzungen umfangreicher sind als in Satz 3.2.2 und man zur eindeutigen Darstellung der Regel die Leibniz-Schreibweise benötigt.

Satz 3.2.3. *(Kettenregel)*
Seien $g : [c,d] \to [a,b]$, $t \mapsto g(t)$ *und* $f : [a,b] \longrightarrow \mathbb{R}$, $x \mapsto f(x)$ *differenzierbar. Seien nun weiterhin* $g(t_0) = x_0$, $t_0 \in]c,d[$ *und* $x_0 \in]a,b[$. *Die Komposition (Verknüpfung)*

$$f \circ g : [c,d] \longrightarrow \mathbb{R}; t \mapsto f(g(t))$$

ist dann in t_0 *differenzierbar und es gilt*

$$\frac{d(f \circ g)(t_0)}{dt} = \left.\frac{df(x_0)}{dx}\right|_{x_0=g(t_0)} \cdot \frac{dg(t_0)}{dt}$$

Bemerkung 3.2.4.
In der Literatur findet man oft für die Kettenregel eine Darstellung in der Newton-Schreibweise, wie z. B.:

$$(f \circ g)'(t_0) = f'(g(t_0)) \cdot g'(t_0)$$

Da der „Strich“ als Notation für die Ableitung nicht aussagt, wonach hier eigentlich abgeleitet wird, ist z. B. eine aus dem Kontext gehobene Darstellung wie $f'(g(t_0))$ *uneindeutig und kann missverstanden werden.*

Mit den Ableitungsregeln aus den Sätzen 3.2.2 und 3.2.3 sind wir nun formal gut gerüstet, um die **Ableitungen elementarer Funktionen** bestimmen zu können.

Satz 3.2.4. *(Ableitung konstanter Funktionen)*
Sei $f(x) = \alpha$, $\alpha \in \mathbb{R}$. Dann ist die Ableitung gegeben durch

$$f'(x) = 0 \tag{3.6}$$

(Der Beweis zu Satz 3.2.4 ist Teil der Übungen.)

Satz 3.2.5. *(Ableitung von Potenzfunktionen: Teil 1)*
Sei $f(x) = x^n$, $x \in \mathbb{R}$ und $n \in \mathbb{N}_0$. Dann ist die Ableitung gegeben durch

$$f'(x) = n \cdot x^{n-1} \tag{3.7}$$

Beweis.

$$\begin{aligned}
f(x) &= x^n \\
\Rightarrow f'(x) &= \lim_{\Delta x \to 0} \frac{(x + \Delta x)^n - x^n}{\Delta x} \\
&= \lim_{\Delta x \to 0} \frac{1}{\Delta x} \cdot \left(\sum_{k=0}^{n} \binom{n}{k} x^{n-k} \cdot (\Delta x)^k - x^n \right) \\
&= \lim_{\Delta x \to 0} \sum_{k=1}^{n} \binom{n}{k} x^{n-k} \cdot (\Delta x)^{k-1} \\
&= \lim_{\Delta x \to 0} \left(n \cdot x^{n-1} + \underbrace{\sum_{k=2}^{n} \binom{n}{k} x^{n-k} \cdot (\Delta x)^{k-1}}_{\to 0} \right) \\
&= n \cdot x^{n-1}
\end{aligned}$$

□

Korollar 3.2.1.
Jede Polynomfunktion ist auf ganz $\mathbb{R}$ stetig differenzierbar.

Satz 3.2.6. *(Ableitung der Betragsfunktion)*
Sei $f(x) = |x|$, $x \in \mathbb{R}^*$. Dann ist (siehe Beispiele 3.2.1) die Ableitung gegeben durch

$$f'(x) = sgn(x) \tag{3.8}$$

Satz 3.2.7. *(Ableitung von* sin *und* cos*)*
Seien $f_1(x) = \sin(x)$ und $f_2(x) = \cos(x)$, $x \in \mathbb{R}$. Dann sind die Ableitungen gegeben durch

$$f_1'(x) = \cos(x) \quad , \quad f_2'(x) = -\sin(x) \tag{3.9}$$

Beweis.
Wir führen hier nur einen Beweis für die Ableitung von $\sin(x)$. Ein Beweis zur Ableitung von $\cos(x)$ kann fast analog erfolgen und ist daher Teil der Übungen.

$$\begin{aligned} f_1(x) &= \sin(x)\,, \quad x \in \mathbb{R} \\ \Rightarrow f_1'(x) &= \lim_{\Delta x \to 0} \frac{\sin(x+\Delta x) - \sin(x)}{\Delta x} \\ &= \lim_{\Delta x \to 0} \frac{\sin(x)\cos(\Delta x) + \sin(\Delta x)\cos(x) - \sin(x)}{\Delta x} \\ &= \sin(x) \cdot \lim_{\Delta x \to 0} \frac{\cos(\Delta x) - 1}{\Delta x} + \cos(x) \cdot \lim_{\Delta x \to 0} \frac{\sin(\Delta x)}{\Delta x} \end{aligned} \tag{3.10}$$

Als nächstes müssen die Grenzwerte

$$\lim_{\Delta x \to 0} \frac{\cos(\Delta x) - 1}{\Delta x} \quad \text{und} \quad \lim_{\Delta x \to 0} \frac{\sin(\Delta x)}{\Delta x}$$

bestimmt werden.
Geometrischer Ansatz:

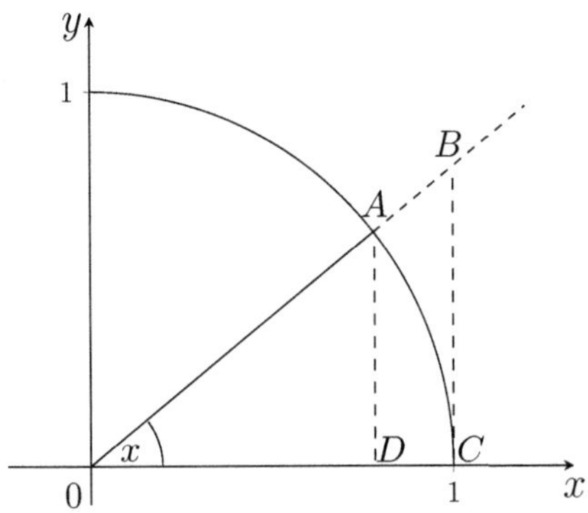

Abbildung 3.6: Dreiecksflächen am Einheitskreis

In Abbildung 3.6 gilt:

$$\overline{0D} = \cos(x)\,, \ \overline{AD} = \sin(x)\,, \ \overline{BC} = \tan(x)\,, \ \overline{0A} = \overline{0C} = 1$$

Vergleicht man die Sektorfläche $A_{(0CA)}$ mit den Dreiecksflächen $A_{(0DA)}$ und $A_{(0CB)}$, so erhält man die Ungleichung

$$A_{(0DA)} \leq A_{(0CA)} \leq A_{(0CB)} \tag{3.11}$$

Dabei gilt, wenn man die Sektorfläche und die Kreisfläche $A_\circ = \pi \cdot 1^2$ jeweils direkt proportional dem zugehörigen Kreisbogenstück zuordnet:

$$\left.\begin{array}{r} A_{(0CA)} \sim x \\ \pi = A_\circ \sim 2\pi \end{array}\right\} \Rightarrow \frac{A_{(0CA)}}{A_\circ} = \frac{x}{2\pi} \Rightarrow A_{(0CA)} = \frac{x}{2}$$

Für die zwei Dreiecksflächen folgt aus Abbildung 3.6:

$$A_{(0DA)} = \frac{1}{2} \cdot \sin(x) \cdot \cos(x)\,, \; A_{(0CB)} = \frac{1}{2} \cdot \tan(x) \cdot 1$$

Eingesetzt in (3.11) führt auf

$$\frac{1}{2} \cdot \sin(x) \cdot \cos(x) \leq \frac{x}{2} \leq \frac{1}{2} \cdot \frac{\sin(x)}{\cos(x)} \quad \Rightarrow \cos(x) \leq \frac{x}{\sin(x)} \leq \frac{1}{\cos(x)}$$

und im Grenzübergang $x \to 0$ ergibt sich, wegen $\cos(0) = 1$ und der Stetigkeit des Kosinus,

$$\lim_{x\to 0} \frac{\sin(x)}{x} = 1 \tag{3.12}$$

Der zweite Grenzwert lässt sich mit (3.12) fast direkt berechnen:

$$\begin{aligned}
\lim_{\Delta x\to 0} \frac{\cos(\Delta x) - 1}{\Delta x} &= \lim_{\Delta x\to 0} \frac{\cos(\Delta x) - 1}{\Delta x} \cdot \frac{\cos(\Delta x) + 1}{\cos(\Delta x) + 1} \\
&= \lim_{\Delta x\to 0} \frac{\cos^2(\Delta x) - 1}{\Delta x \cdot (\cos(\Delta x) + 1)} \\
&= \lim_{\Delta x\to 0} \frac{-\sin^2(\Delta x)}{\Delta x \cdot (\cos(\Delta x) + 1)} \\
&= \lim_{\Delta x\to 0} \frac{\sin(\Delta x)}{\Delta x} \cdot \frac{-\sin(\Delta x)}{\cos(\Delta x) + 1} = 1 \cdot \frac{0}{2} \\
\Rightarrow \lim_{\Delta x\to 0} \frac{\cos(\Delta x) - 1}{\Delta x} &= 0
\end{aligned} \tag{3.13}$$

Verwendet man die Grenzwerte (3.12) und (3.13) in (3.10), folgt[4]

$$(\sin(x))' = \cos(x)$$

□

[4]Der Beweis ist nur für $[0, \frac{\pi}{2}]$ geführt. Der Beweis für beliebige $x \in \mathbb{R}$ findet sich im Abschnitt 3.4

Satz 3.2.8. *(Ableitung von* tan*)*
Sei $f(x) = \tan(x)$, $x \in \mathbb{R} \setminus \{x \in \mathbb{R}; \cos(x) = 0\}$. *Dann ist die Ableitung gegeben durch*

$$f'(x) = \frac{1}{\cos^2(x)} = 1 + \tan^2(x) \tag{3.14}$$

Beweis.

$$\begin{aligned} f(x) &= \tan(x) = \frac{\sin(x)}{\cos(x)}\,, \quad x \in \mathbb{R} \setminus \{x \in \mathbb{R}; \cos(x) = 0\} \\ \Rightarrow f'(x) &= \frac{\cos(x) \cdot \cos(x) - \sin(x) \cdot (-\sin(x))}{\cos^2(x)} \\ &= \frac{1}{\cos^2(x)} = 1 + \tan^2(x) \end{aligned}$$

□

Satz 3.2.9. *(Ableitung des* ln*)*
Sei $f(x) = \ln(x)$, $x \in \mathbb{R}^+$. *Dann ist die Ableitung gegeben durch*

$$f'(x) = \frac{1}{x} \tag{3.15}$$

Beweis.

$$\begin{aligned} f(x) &= \ln(x)\,, \quad x \in \mathbb{R}^+ \\ \Rightarrow f'(x) &= \lim_{\Delta x \to 0} \frac{\ln(x + \Delta x) - \ln(x)}{\Delta x} \\ &= \lim_{\Delta x \to 0} \frac{1}{\Delta x} \cdot \ln\left(1 + \frac{\Delta x}{x}\right) \end{aligned} \tag{3.16}$$

Substituiert man nun in (3.16) wie folgt $y := \frac{x}{\Delta x}$, so ergibt sich ohne Einschränkung für $\Delta x > 0$ ($\Delta x < 0$ analog) aufgrund der Stetigkeit des ln (siehe Übungen 3.1.3)

$$\begin{aligned} f'(x) &= \lim_{\Delta x \to 0} \frac{1}{\Delta x} \cdot \ln\left(1 + \frac{\Delta x}{x}\right) = \lim_{y \to \infty} \frac{y}{x} \cdot \ln\left(1 + \frac{1}{y}\right) \\ &= \lim_{y \to \infty} \frac{1}{x} \cdot \ln\left(\left(1 + \frac{1}{y}\right)^y\right) = \frac{1}{x} \cdot \ln\left(\lim_{y \to \infty}\left(1 + \frac{1}{y}\right)^y\right) \\ &= \frac{1}{x} \cdot \ln(e) = \frac{1}{x} \end{aligned}$$

□

Beispiele 3.2.2. *(Ableitungen)*

1.
$$f_i(x) = 20 \Rightarrow f_i'(x) = 0$$

2.
$$f_{ii}(x) = 3x^4 + 5x^2 + 6x \Rightarrow f_{ii}'(x) = 12x^3 + 10x + 6$$

3.
$$f_{iii}(x) = x^2 \cdot \sin(x) \Rightarrow f_{iii}'(x) = 2x \cdot \sin(x) + x^2 \cdot \cos(x)$$

4.
$$f_{iv}(x) = \frac{1}{x^4 + x^2} \Rightarrow f_{iv}'(x) = -\frac{4x^3 + 2x}{(x^4 + x^2)^2}$$

5.
$$\begin{aligned} f_v(x) &= \frac{1 - x^2}{x^4 + x^2} \\ \Rightarrow f_v'(x) &= \frac{(x^4 + x^2) \cdot (-2x) - (4x^3 + 2x) \cdot (1 - x^2)}{(x^4 + x^2)^2} \\ &= \frac{2x^5 - 4x^3 - 2x}{(x^4 + x^2)^2} \end{aligned}$$

6.
$$f_{vi}(x) = \sin(3x^2 + 2) \Rightarrow f_{vi}'(x) = \cos(3x^2 + 2) \cdot 6x$$

Satz 3.2.10. *(Differenzierbarkeit und Monotonie)*
Ist eine Funktion f stetig auf $[a, b]$ und differenzierbar auf $]a, b[$, so folgt:

- *f ist auf $[a, b]$* **(streng) monoton wachsend**, *wenn $f'(x) \geq 0$ (bzw. $f'(x) > 0$) gilt für alle $x \in]a, b[$.*
- *f ist auf $[a, b]$* **(streng) monoton fallend**, *wenn $f'(x) \leq 0$ (bzw. $f'(x) < 0$) gilt für alle $x \in]a, b[$.*

Bemerkung 3.2.5.
Aus f ist „streng monoton wachsend“ folgt nicht notwendig $f'(x) > 0$, wie das Beispiel der streng monoton wachsenden Funktion $f(x) = x^3$ ($f'(x) = 3x^2 = 0 \Leftrightarrow x = 0$) zeigt. Dennoch hat man:
Ist f monoton wachsend (fallend), so gilt $f'(x) \geq 0$ ($f'(x) \leq 0$).

Wir haben bis jetzt schon eine Reihe von elementaren Funktionen ableiten können. Was uns noch fehlt, sind unter anderem die allgemeinen Potenz-, die Logarithmus- und die Exponentialfunktionen.
Um dieses Ziel erreichen zu können, benötigen wir die Regel für die Ableitung von Umkehrfunktionen zu gegebenen Funktionen.
Beginnen wollen wir damit, ausgehend von einer bestimmten Funktion, zu untersuchen, wann man überhaupt zu ihr eine Umkehrfunktion konstruieren kann. Unsere bisherigen Ansätze zu Umkehrfunktionen waren eher intuitiv und ohne Beweise, was wir jetzt ändern wollen.
Dabei werden wir sehen, dass sich nicht für jede Funktion eine Umkehrfunktion wird konstruieren lassen.

Satz 3.2.11. *(Existenz von Umkehrfunktionen)*
Sei $f : [a, b] \to \mathbb{R}$ stetig und auf $[a, b]$ streng monoton wachsend (analog für fallend). Dann besitzt f eine eindeutige Umkehrfunktion

$$f^{-1} : [c, d] \to [a, b] \;\; \textit{mit}\, c = f(a)\,,\, d = f(b)$$

Beweis.
Aufgrund der Monotonie und Stetigkeit von f gilt

$$f(a) = \min\{f(x), x \in [a, b]\} = c < d = \max\{f(x), x \in [a, b]\} = f(b)$$

Nach dem Zwischenwertsatz folgt dann:
Für jedes $A \in [c, d]$ gibt es ein $x_0 \in [a, b]$ mit $f(x_0) = A$

$\Rightarrow$ $f : [a, b] \longrightarrow [c, d]$ ist surjektiv.

f ist zusätzlich auch injektiv (f ist streng monoton wachsend)

$\Rightarrow$ f ist bijektiv

$\Rightarrow$ Es gibt eine Umkehrabbildung der Form:

$$f^{-1} : [c, d] \longrightarrow [a, b]$$

□

Jetzt können wir die Regel zur Ableitung einer Umkehrfunktion notieren, wobei wir auch hier wieder die eindeutigere Leibniz-Schreibweise verwenden:

Satz 3.2.12. *(Ableitung der Umkehrfunktion)*
Sei $f : \mathbb{D} \to \mathbb{R}$ eine differenzierbare Funktion, die auf $[a,b] \subseteq \mathbb{D}$ eine Umkehrfunktion f^{-1} besitzt. Dann ist f^{-1} auf $f(\,]a,b[\,)$ differenzierbar und die Ableitung ist gegeben durch

$$\frac{d}{dx} f^{-1}(x) = \frac{1}{\left(\frac{df(t_0)}{dt}\right)\Big|_{t_0 = f^{-1}(x)}} \quad , \quad x \in f(\,]a,b[\,) \tag{3.17}$$

Im jetzt folgenden Beweis von Satz 3.2.12 verwenden wir die alternative Newton-Schreibweise. Man mache sich durch Vergleich mit (3.17) noch einmal klar, wo die Newton-Schreibweise im Beweis uneindeutig ist.

Beweis.
Aus der Grundeigenschaft der Umkehrfunktion $f(f^{-1}(t)) = t$ folgt durch Anwenden der Kettenregel (Satz 3.2.3) $f'(f^{-1}(t)) \cdot (f^{-1})'(t) = 1$ und so die Ableitung der Umkehrfunktion f^{-1}:

$$(f^{-1})'(t) = \frac{1}{f'(f^{-1}(t))}$$

□

In den jetzt sich anschließenden Ableitungen weiterer elementarer Funktionen, die zur Grundausbildung eines Ingenieurstudiums gehören, wird die Ableitung von Umkehrfunktionen mehrfach zum Einsatz kommen.

Satz 3.2.13. *(Ableitung der Exponentialfunktion* exp*)*
Sei $f(x) = \exp(x) = e^x$, $x \in \mathbb{R}$. Dann ist die Ableitung gegeben durch

$$f'(x) = \exp(x) = e^x \tag{3.18}$$

Beweis.
Die Exponentialfunktion $\exp : \mathbb{R} \to \mathbb{R}^+$ ist streng monoton wachsend, ihre Umkehrabbildung existiert und ist per Definition $\ln : \mathbb{R}^+ \to \mathbb{R}$. Umgekehrt gilt aber ebenso $f(x) = \ln(x) \;\Rightarrow\; f^{-1}(x) = \exp(x)$

$$\left(f^{-1}\right)'(x) = \frac{1}{\frac{1}{\exp(x)}} = \exp(x)$$

□

Bemerkung 3.2.6.
Die Exponentialfunktion $\exp(x) = e^x$ ist eine von zwei Funktionen, die abgeleitet sich selber reproduzieren. Welche ist wohl die zweite?

Satz 3.2.14. *(Ableitung der allgemeinen Exponentialfunktion a^x)*
Sei $f_a(x) = a^x$, $a \in \mathbb{R}^+$, $x \in \mathbb{R}$. Dann ist die Ableitung gegeben durch

$$f'_a(x) = a^x \cdot \ln(a) \tag{3.19}$$

Beweis.
Für $a > 0$ folgt $f_a(x) = a^x = e^{x \ln(a)}$.
f_a ist differenzierbar, da $x \longmapsto x \ln(a)$ und $x \longmapsto e^x$ differenzierbar sind.
Die Ableitung von $f(x) = a^x$ folgt aus der Kettenregel:

$$f'_a(x) = e^{x \ln(a)} \cdot \ln(a) = a^x \cdot \ln(a)$$

□

Bemerkung 3.2.7.
Die Funktion f_a ist auf $\mathbb{R}$ streng monoton wachsend für $a > 1$, bzw. streng monoton fallend für $a < 1$. Damit existiert die Umkehrfunktion für $a \neq 1$, mit

$$f^{-1} :]0, \infty[\longrightarrow \mathbb{R}\,, \quad x \mapsto f^{-1}(x) = \log_a(x)$$

Satz 3.2.15. *(Ableitung der allgemeinen Logarithmusfunktion $\log_a(x)$)*
Sei $f(x) = \log_a(x)$, $a, x \in \mathbb{R}^+$ $(a \neq 1)$. Dann ist die Ableitung gegeben durch

$$f'(x) = \frac{1}{x \cdot \ln(a)} \tag{3.20}$$

Beweis.
Für $a \in \mathbb{R}^+ \setminus \{1\}$ folgt

$$f(x) = \log_a(x) \quad = \quad \frac{\ln(x)}{\ln(a)} \;\Rightarrow\; f'(x) = \frac{1}{\ln(a)} \cdot \frac{1}{x}$$

□

Satz 3.2.16. *(Ableitung der „allgemeinen" Potenzfunktion: Teil 2)*
Sei

$$f(x) = x^b \Rightarrow \begin{cases} b \in \mathbb{R} \setminus \mathbb{Z} & x \in \mathbb{R}^+ \\ b \in \mathbb{Z} & x \in \mathbb{R}^* \end{cases}$$

Dann ist die Ableitung gegeben durch

$$f'(x) = b \cdot x^{b-1} \tag{3.21}$$

Beweis.

- Fall 1: $f(x) = x^b$, $b \in \mathbb{R} \setminus \mathbb{Z}$, $x \in \mathbb{R}^+$:

$$\begin{aligned} f(x) &= x^b = e^{b \cdot \ln(x)} \\ \Rightarrow f'(x) &= e^{b \cdot \ln(x)} \cdot b \cdot \frac{1}{x} = x^b \cdot b \cdot \frac{1}{x} = b \cdot x^{b-1} \end{aligned}$$

- Fall 2: $f(x) = x^b$, $b \in \mathbb{Z}$, $x \in \mathbb{R}^*$:
  Für $b \in \mathbb{Z}^+ = \mathbb{N}$ erhält man die Aussage aus Satz 3.2.5 und für $b \in \mathbb{Z}^-$ folgt

$$\begin{aligned} f(x) &= x^b = x^{-|b|} = \frac{1}{x^{|b|}} \\ \overset{\text{Satz 3.2.2}}{\Rightarrow} f'(x) &= -\frac{|b| \cdot x^{|b|-1}}{x^{2 \cdot |b|}} = -|b| \cdot x^{-1-|b|} = b \cdot x^{b-1} \end{aligned}$$

□

In Definition 2.6.4 hatten wir bereits die Umkehrfunktionen der trigonometrischen Funktionen, die Arkusfunktionen, eingeführt, jedoch ohne mathematische Begründung, dass diese auch existieren. Dies soll nun nachgeholt werden.

Bemerkung 3.2.8. *(Zum Arkussinus)*
Untersucht man die Sinusfunktion auf Bereiche gleicher Monotonie, so findet man im symmetrischen Intervall $[-\pi, \pi]$:

$$f(x) = \sin(x) \Rightarrow f'(x) = \cos(x) > 0 \textit{ für } x \in \left]-\frac{\pi}{2}, \frac{\pi}{2}\right[=: I_s$$

Damit ist sin *auf I_s streng monoton wachsend und dort auch umkehrbar. Erweitert man I_s um die Randpunkte zu $\overline{I_s}$, nimmt* sin *in $\overline{I_s}$ auch alle seine Werte an:*

$$\sin : \left[-\frac{\pi}{2}, \frac{\pi}{2}\right] \longrightarrow [-1, 1]$$

Somit existiert die Umkehrfunktion

$$\arcsin : [-1, 1] \longrightarrow \left[-\frac{\pi}{2}, \frac{\pi}{2}\right]$$

Satz 3.2.17. *(Ableitung des Arkussinus)*
Sei $f(x) = \arcsin(x)$, $x \in [-1, 1]$. Dann ist die Ableitung gegeben durch

$$f'(x) = \frac{1}{\sqrt{1 - x^2}} \tag{3.22}$$

Beweis.

$$(\arcsin(x))' = \frac{1}{\cos(\arcsin(x))} = \frac{1}{\sqrt{1-\sin^2(\arcsin(x))}} = \frac{1}{\sqrt{1-x^2}}$$

□

Bemerkung 3.2.9. *(Zum Arkuskosinus)*
Untersucht man die Kosinusfunktion auf Bereiche gleicher Monotonie, so findet man im symmetrischen Intervall $[-\pi, \pi]$*:*

$$f(x) = \cos(x) \Rightarrow f'(x) = -\sin(x) < 0 \textit{ für } x \in \,]0, \pi[\, =: I_c$$

Damit ist cos *auf* I_c *streng monoton fallend und dort auch umkehrbar. Erweitert man* I_c *um die Randpunkte zu* $\overline{I_c}$*, nimmt* cos *in* $\overline{I_c}$ *auch alle seine Werte an:*

$$\cos : [0, \pi] \longrightarrow [-1, 1]$$

Somit existiert die Umkehrfunktion

$$\arccos : [-1, 1] \longrightarrow [0, \pi]$$

Satz 3.2.18. *(Ableitung des Arkuskosinus)*
Sei $f(x) = \arccos(x)$*,* $x \in [-1, 1]$*. Dann ist die Ableitung gegeben durch*

$$f'(x) = \frac{-1}{\sqrt{1-x^2}} \tag{3.23}$$

(Der Beweis ist Teil der Übungen.)

Bemerkung 3.2.10. *(Zum Arkustangens)*
Untersucht man die Tangensfunktion auf Bereiche gleicher Monotonie, so findet man im symmetrischen Intervall $[-\pi, \pi]$*:*

$$f(x) = \tan(x) \Rightarrow f'(x) = \frac{1}{\cos^2(x)} > 0 \textit{ für } x \in \left]-\frac{\pi}{2}, \frac{\pi}{2}\right[=: I_t$$

Damit ist tan *auf* I_t *streng monoton wachsend, dort auch umkehrbar und nimmt dort alle seine Werte an:*

$$\tan : \left]-\frac{\pi}{2}, \frac{\pi}{2}\right[\longrightarrow \mathbb{R}$$

Somit existiert die Umkehrfunktion

$$\arctan : \mathbb{R} \longrightarrow \left]-\frac{\pi}{2}, \frac{\pi}{2}\right[$$

Satz 3.2.19. *(Ableitung des Arkustangens)*
Sei $f(x) = \arctan(x)$, $x \in \mathbb{R}$. *Dann ist die Ableitung gegeben durch*

$$f'(x) = \frac{1}{1+x^2} \tag{3.24}$$

(Der Beweis ist Teil der Übungen.)

Wir haben nun eine beachtliche Anzahl an elementaren Funktionen und deren Umkehrfunktionen kennen gelernt und untersucht. Für die Ingenieurwissenschaften sind diese aber noch nicht ganz ausreichend (man kann eigentlich nie genug Funktionen kennen), und so fügen wir im Folgenden unserem Satz von elementaren Funktionen noch die sogenannten Hyperbelfunktionen hinzu.

Hyperbelfunktionen

So wie die Funktionen sin und cos sich als Projektionen der Lage eines Punktes des Einheitskreises veranschaulichen ließen, ergeben sich ganz analog die Hyperbelfunktionen als Projektionen der Lage eines Punktes auf der sogenannten Einheitshyperbel.

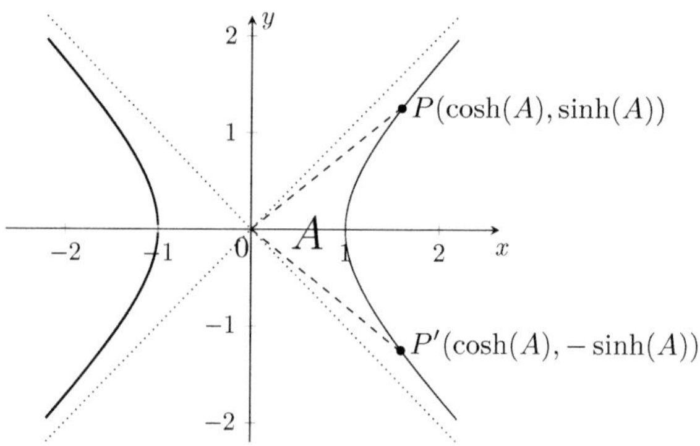

Abbildung 3.7: Punkt auf der Einheitshyperbel

Abbildung 3.7 zeigt, dass sich die Koordinaten der Punkte P und P' mithilfe der Funktionen sinh („Sinus hyperbolikus") und cosh („Kosinus hyperbolikus") in Abhängigkeit von der Fläche A berechnen lassen. Die Fläche A wird dabei begrenzt durch die Strecken $\overline{0P}$, $\overline{0P'}$ und den Hyperbelabschnitt zwischen P und P'.

Die Terme der Hyperbelfunktionen bestimmt man über die Berechnung der Fläche A in Abhängigkeit von den Koordinaten des Punktes P. Da uns zur Zeit noch die Methoden zur Flächenberechnung von A fehlen, führen wir die Hyperbelfunktionen als Definitonen ein.

Definition 3.2.4. *(Hyperbelfunktionen)*
Die **Hyperbelfunktionen** *bilden* $\mathbb{R}$ *nach* $\mathbb{R}$ *ab und sind gegeben durch:*

$$\sinh(x) = \frac{e^x - e^{-x}}{2} \quad (\text{„\textbf{Sinus hyperbolikus}“})$$

$$\cosh(x) = \frac{e^x + e^{-x}}{2} \quad (\text{„\textbf{Kosinus hyperbolikus}“})$$

$$\tanh(x) = \frac{\sinh(x)}{\cosh(x)} = \frac{e^x - e^{-x}}{e^x + e^{-x}} \quad (\text{„\textbf{Tangens hyperbolikus}“})$$

Bemerkungen 3.2.11. *(Eigenschaften der Hyperbelfunktionen Teil 1)*

1. *Sinus hyperbolikus*

   (a) $\sinh : \mathbb{R} \to \mathbb{R}\ , \quad x \mapsto \sinh(x)$ *ist ungerade, auf* $\mathbb{R}$ *streng monoton wachsend und besitzt eine Nullstelle* $\sinh(0) = 0$.

   (b) Der Graph von sinh*:*

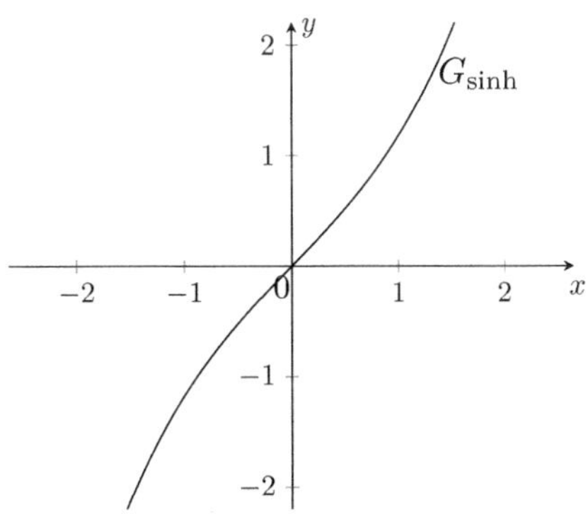

Abbildung 3.8: Sinus hyperbolikus

2. Kosinus hyperbolikus

(a) $\cosh : \mathbb{R} \to [1, \infty[\ ,\quad x \mapsto \cosh(x)$ *ist gerade, auf* $\mathbb{R}_0^+$ *streng monoton wachsend, auf* $\mathbb{R}_0^-$ *streng monoton fallend und* $\cosh(x) \geq 1$ *auf ganz* $\mathbb{R}$.

(b) *Der Graph von* cosh*:*

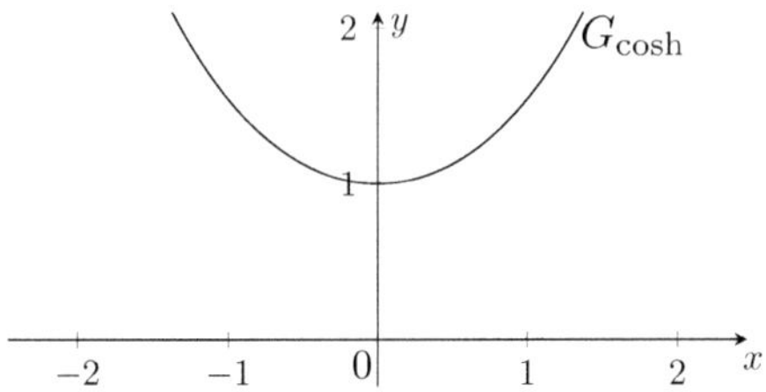

Abbildung 3.9: Kosinus hyperbolikus

3. Die Funktion Tangens hyperbolikus

(a) $\tanh : \mathbb{R} \to]-1, 1[\ ,\quad x \mapsto \tanh(x)$ *ist ungerade, auf* $\mathbb{R}$ *streng monoton wachsend und besitzt eine Nullstelle* $\tanh(0) = 0$.

(b) *Der Graph von* tanh*:*

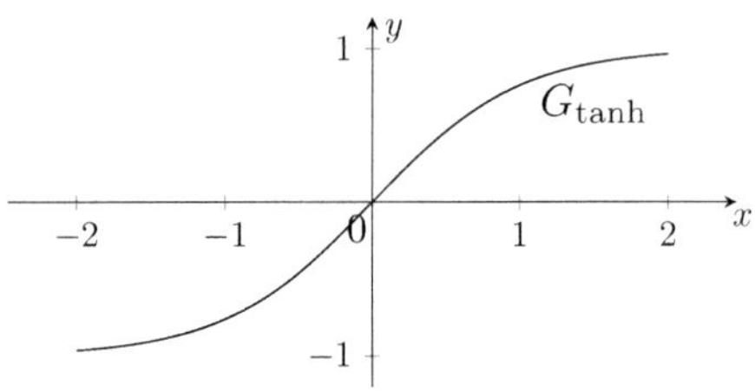

Abbildung 3.10: Tangens hyperbolikus

(c)
$$\lim_{x \to \pm\infty} \tanh(x) = \pm 1 \tag{3.25}$$

Da wir zu Beginn dieses Unterabschnitts die Notwendigkeit der Hyperbelfunktionen für die Ingenieurwissenschaften so betont haben, werden wir an dieser Stelle einen Anwendungsfall von vielen nennen, dessen Ergebnis sich mittels des Kosinus hyperbolikus formulieren lässt.

Beispiel 3.2.3. *(Anwendung – Kettenlinie)*
Betrachtet man eine Kette der Länge l, deren Enden jeweils an einer Wand befestigt sind, so hängt diese Kette aufgrund ihres Eigengewichts durch.
Wenn man sich fragt, welcher Form die durchhängende Kette besitzt, so lässt sich[5] zeigen, dass die Kettelinie die Form

$$y(x) = \frac{1}{\omega}\cosh(\omega x)$$

annimmt, mit ω dem Betrag der Krümmung der Kettenlinie im Scheitelpunkt. Interessant ist in diesem Zusammenhang, dass die stabile Form der Kuppel einer Kathedrale die umgekehrte Form der Kettenlinie darstellt (als erste wurde die Kuppel der St. Pauls Cathedral in London so gebaut).

Bemerkungen 3.2.12. *(Eigenschaften der Hyperbelfunktionen Teil 2)*

1. *Ganz analog zu den trigonometrischen Funktionen definiert man: sech: „Sekans hyperbolikus“, csch: „Kosekans hyperbolikus“ und* coth*: „Kotangens hyperbolikus“*

2. *Für alle $x \in \mathbb{R}$ gilt:*

$$cosh^2(x) - sinh^2(x) = 1 \tag{3.26}$$

3. *Es gelten die folgenden Additionstheoreme*

$$\begin{aligned} \sinh(x \pm y) &= \sinh(x)\cdot\cosh(y) \pm \cosh(x)\cdot\sinh(y) \\ \cosh(x \pm y) &= \cosh(x)\cdot\cosh(y) \pm \sinh(x)\cdot\sinh(y) \end{aligned} \tag{3.27}$$

Satz 3.2.20. *(Ableitungen von* sinh *und* cosh*)*
Seien $f_1(x) = \sinh(x)$ und $f_2(x) = \cosh(x)$, $x \in \mathbb{R}$. Dann sind die Ableitungen gegeben durch

$$f_1'(x) = \cosh(x)\ , \quad f_2'(x) = \sinh(x) \tag{3.28}$$

[5] Eine Methode zur Bestimmung der Form der Kettenlinie unter Eigengewicht ist z. B. die Variationsrechnung.

Beweis.

$$
\begin{aligned}
f_1'(x) &= \frac{e^x - (-e^{-x})}{2} = \frac{e^x + e^{-x}}{2} = \cosh(x) \\
f_2'(x) &= \frac{e^x + (-e^{-x})}{2} = \frac{e^x - e^{-x}}{2} = \sinh(x)
\end{aligned}
$$

□

Bemerkung 3.2.13. *(Zu* sinh, cosh *und* tanh*)*
Nach den Bemerkungen 3.2.11 und Satz 3.2.20 gilt: sinh *und* tanh *sind streng monoton wachsend auf* $\mathbb{R}$. cosh *ist streng monoton fallend für* $x < 0$ *und streng monoton wachsend für* $x > 0$. *Damit besitzen*

$$
\begin{aligned}
\sinh &: \mathbb{R} \longrightarrow \mathbb{R} \\
\cosh &: \mathbb{R}_0^+ \longrightarrow [1, \infty[\\
\tanh &: \mathbb{R} \longrightarrow 1, 1[
\end{aligned}
$$

je eine Umkehrfunktion, welche auf das jeweilige Argument zurückrechnet. Nach Definition der Hyperbelfunktionen ist deren Argument aber gleich der in Abbild 3.7 gezeigten Fläche. Das lateinische Wort für „Fläche“ lautet „area“, weshalb die Umkerfunktionen zu den Hyperbolischen Funktionen auch **Areafunktionen** *genannt werden.*

Definition 3.2.5. *(Areafunktionen)*

1. *Die Umkehrfunkion zu* $\sinh : \mathbb{R} \to \mathbb{R}$ *heißt* **Areasinus hyperbolikus** *und ist gegeben durch:*

$$\operatorname{arsinh} : \mathbb{R} \to \mathbb{R}\,,\; x \mapsto \operatorname{arsinh}(x)$$

2. *Die Umkehrfunkion zu* $\cosh : \mathbb{R}_0^+ \to [1, \infty[$ *heißt* **Areakosinus hyperbolikus** *und ist gegeben durch:*

$$\operatorname{arcosh} : [1, \infty[\to \mathbb{R}_0^+\,,\; x \mapsto \operatorname{arcosh}(x)$$

3. *Die Umkehrfunkion zu* $\tanh : \mathbb{R} \to]-1, 1[$ *heißt* **Areatangens hyperbolikus** *und ist gegeben durch:*

$$\operatorname{artanh} :]-1, 1[\to \mathbb{R}\,,\; x \mapsto \operatorname{artanh}(x)$$

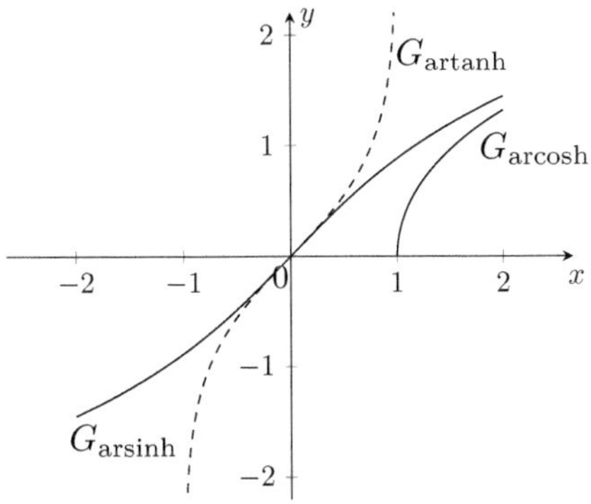

Abbildung 3.11: Areafunktionen

Satz 3.2.21. *(Ableitungen von* arsinh, arcosh *und* artanh*)*
Seien $f_1(x) = \operatorname{arsinh}(x)$ $(x \in \mathbb{R})$, $f_2(x) = \operatorname{arcosh}(x)$ $(x \in [1, \infty[)$ *und* $f_3(x) = \operatorname{artanh}(x)$ $(x \in \mathbb{R})$. *Dann sind die Ableitungen gegeben durch*

$$f_1'(x) = \frac{1}{\sqrt{1+x^2}}, \quad f_2'(x) = \frac{1}{\sqrt{x^2-1}}, \quad f_3'(x) = \frac{1}{x^2-1} \tag{3.29}$$

(Der Beweis ist Teil der Übungen.)

Wie wir in Satz 3.2.1 gesehen haben, ist eine an einer Stelle x_0 differenzierbare Funktion dort auch stetig. Die Umkehrung, auch das wissen wir bereits, gilt eben nicht wie es die Betragsfunktion $x \longmapsto |x|$ in $x_0 = 0$ zeigt.

> Was wir in diesem Zusammenhang bereits angekündigt hatten war eine Funktion, die überall stetig ist, jedoch nirgends differenzierbar.

Ja, solch eine Funktion existiert! Dazu bauen wir eine derartige Funktion wie folgt auf:
Zuerst betrachten wir die folgende sogenannte „Sägezahnfunktion“

$$g(x) = \begin{cases} |x| & \text{für } -\frac{1}{2} \leq x \leq \frac{1}{2} \\ \text{periodisch} & \text{sonst.} \end{cases} \tag{3.30}$$

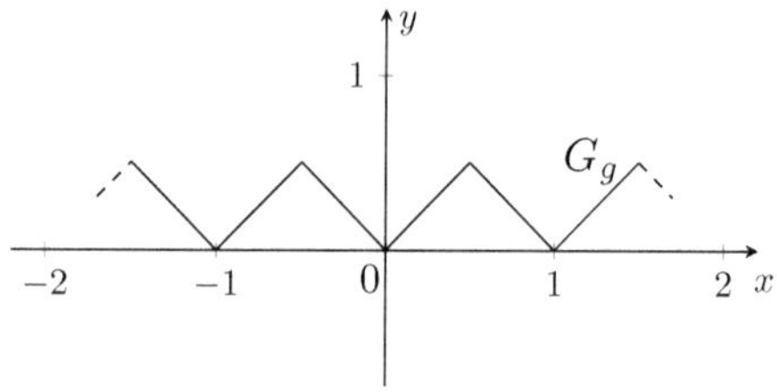

Abbildung 3.12: Eine Sägezahnfunktion g

Nun definieren wir zu $j \in \mathbb{N}$ die Funktion

$$g_j(x) = 2^{-j} g(2^j x)$$

Wir addieren alle g_j ($g_0 = g$) und erhalten die gesuchte Funktion

$$f(x) = \sum_{j=0}^{\infty} g_j(x)$$

Wir geben eine kurze Skizze, wie man die entsprechenden Eigenschaften nachweist.
Es ist sofort einsichtig, dass f wohldefiniert ist, da

$$|f(x)| \leq \sum_{j=0}^{\infty} |g_j(x)| \leq \sum_{j=0}^{\infty} 2^{-(j+1)} = 1.$$

Damit ist die Reihe f auf $\mathbb{R}$ konvergent und stetig (der Beweis kann mit Hilfe des Satzes von Weierstrass erbracht werden).
Jedes g_j ist linear zwischen einem $x \in \mathbb{R}$ und entweder $x - 0,5 \cdot 2^{-j}$ oder $x + 0,5 \cdot 2^{-j}$.
Damit ist aber auch g_k, mit $k \leq j$ linear zwischen x und $x + x_j$ und es gilt, mit $h_j := 0.5 \cdot 2^{-j}$

$$\frac{g_k(x + h_j) - g_k(x)}{h_j} = \pm 1$$

Für $k \geq n$ ist g_k periodisch bezüglich h_j und es gilt

$$\frac{g_k(x + h_j) - g_k(x)}{h_j} = 0$$

Für den Differenzenquotienten von f folgt damit

$$\frac{f(x+h_j)-f(x)}{h_j}=\sum_{k=0}^{\infty}\frac{g_k(x+h_j)-g_k(x)}{h_j}=\sum_{k=0}^{n}\pm 1$$

Offensichtlich wechselt zum einen der Wert dieser Folge zwischen positiven und negativen Zahlen und zum anderen besitzt diese Folge keinen Grenzwert. Damit ist f zwar für alle $x \in \mathbb{R}$ stetig aber nirgends differenzierbar. □

3.2.2 Kurzaufgaben zum Verständnis

1. Ist $f : [a,b] \longrightarrow \mathbb{R}$ bei $x_0 \in]a,b[$ stetig, so ist auch immer f in x_0 differenzierbar.

   □ wahr □ falsch

2. Sind $f, g : [a,b] \longrightarrow \mathbb{R}$ bei $x_0 \in]a,b[$ differenzierbar, so ist auch immer $\frac{f}{g}$ differenzierbar.

   □ wahr □ falsch

3. Ist $f :]a,b] \longrightarrow \mathbb{R}$ stetig differenzierbar, dann existiert

   $$\lim_{x\downarrow a} f'(x)$$

   □ wahr □ falsch

4. Ist $f : [a,b] \longrightarrow \mathbb{R}$ differenzierbar auf $]a,b[$ mit $\lim_{x\downarrow a} f'(x)$ existiert, dann gilt: $\lim_{x\downarrow a} \frac{f(x)-f(a)}{x-a}$ existiert

   □ falsch □ und ist 0, nur wenn f positiv □ wahr

5. Es gibt eine stetige Funktion $f : [0,1] \longrightarrow \mathbb{R}$, die nirgends differenzierbar ist.

   □ wahr □ falsch

6. Es existiert eine differenzierbare Funktion $f :]0,1] \longrightarrow \mathbb{R}$, die unendlich viele Nullstellen hat und nirgends konstant ist.

   □ wahr □ falsch

3.2.3 Übungen

Lösungsvideos zu den Übungen können auf www.lsgn24h.de über die Eingabe des Lösungscodes abgerufen werden.

Kl A:

1. Beweisen Sie Satz 3.2.4.

   (Lösungscode: SB04DF0A001)

2. Zu den Eigenschaften von Hyperbelfunktionen:

   (a) Beweisen Sie die Gleichung (3.25)

   (Lösungscode: SB04DF0A002)

   (b) Zeigen Sie, dass sinh s.m.w. ist.

   (Lösungscode: SB04DF0A003)

   (c) Rechnen Sie die Gleichung (3.26) nach.

   (Lösungscode: SB04DF0A004)

   (d) Rechnen Sie die Symmetrieeigenschaften von sinh und cosh nach.

   (Lösungscode: SB04DF0A005)

   (e) Zeigen Sie $\cosh(x) \geq 1$ für $x \in \mathbb{R}$.

   (Lösungscode: SB04DF0A006)

   (f) Bestimmen sie die Grenzwerte

   $$\lim_{x\to\pm\infty} \sinh(x) = \pm\infty\ , \quad \lim_{x\to\pm\infty} \cosh(x) = \infty$$

   (Lösungscode: SB04DF0A007)

3. Beweisen Sie Satz 3.2.21.

   (Lösungscode: SB04DF0A008)

4. Berechnen Sie jeweils die erste Ableitung zu folgenden Funktionstermen

i)	$\tanh(x)$	*ii)*	$\operatorname{artanh}(\cos(x))$
iii)	$\operatorname{arsinh}(\arcsin(x))$	*iv)*	$\coth(x)$
v)	$\operatorname{arcoth}(x)$	*vi)*	x^x
vii)	x^{x^x}	*viii)*	$\sqrt{x+\sqrt{x+\sqrt{x+1}}}$
ix)	$\sqrt{\frac{x^2-2^x}{\ln(4-x^4)}}$	*x)*	$\operatorname{csch}(x)$

(Lösungscode: SB04DF0A009)

5. Beweisen Sie mithilfe von Satz 3.2.2 die Ableitungsregel zum konstanten Faktor:
Sei $\alpha \in \mathbb{R}$, $f : [a, b] \to \mathbb{R}$ in $x_0 \in \mathbb{R}$ differenzierbar. Dann gilt

$$(\alpha \cdot f)'(x_0) = \alpha \cdot f'(x_0)$$

(Lösungscode: SB04DF0A010)

6. Bestimmen Sie die Tangentengleichung für $f(x) = \arctan(x)$ in $x_0 = 1$.

(Lösungscode: SB04DF0A011)

7. Geben Sie, wenn möglich, die Ableitung der folgenden Funktionen an:

$$f(x) = \frac{\frac{1}{x^2} + \frac{1}{x^3}}{1+x},\ f(x) = x^2\left(\sqrt{x^3}\right),\ f(x) = \left(1 - \sqrt{x^{\frac{1}{4}}}\right)^3$$

(Lösungscode: SB04DF0A011)

8. Beweisen Sie: $(\cos(x))' = -\sin(x)$ für alle $x \in \left[0, \frac{\pi}{2}\right]$.

(Lösungscode: SB04DF0A012)

Kl B:

1. Gegeben sei $f(t) = \frac{2^{\log(xt)}}{\sin(x)} + t^2$, $0 < x < \pi$. Wo ist die Funktion definiert, wo differenzierbar? Bestimmen Sie die Ableitung nach dem Argument der Funktion.

(Lösungscode: SB04DF0B001)

2. Beweisen Sie die Gleichungen (3.27) der Additionstheoreme der Hyperbelfunktionen.

(Lösungscode: SB04DF0B002)

3. Ist $f(x) = |x^5|$ an der Stelle $x = 0$ differenzierbar? Wie sehen die Terme der Ableitungen f', f'' und f''' aus?

(Lösungscode: SB04DF0B003)

4. Zeigen Sie, dass die Funktion

$$f(x) = x \cdot \ln\left(1 + \frac{1}{x}\right)$$

für $x \in \mathbb{R}^+$ streng monoton wächst.

(Lösungscode: SB04DF0B004)

5. Bilden Sie zu den folgenden Funktionen, falls machbar, die Umkehrfunktion und bestimmen Sie jeweils den Definitionsbereich und Wertebereich sowie die jeweilige Ableitung.

$$f(x) = \frac{x+1}{x-1}, \; f(x) = 2^x + 1, \; f(x) = \ln(\ln x)$$

(Lösungscode: SB04DF0B005)

6. Bestimmen Sie die Umkehrfunktion, deren Ableitung und die Ableitung des Cotangens $f(x) = \cot(x)$.

(Lösungscode: SB04DF0B006)

7. Bestimmen Sie die Ableitung von $f(x) = \tan^2(x) \cdot \cos^3(x)$.

(Lösungscode: SB04DF0B007)

8. Beweisen Sie, bis auf die „kleine“ Quotientenregel, die Ableitungsregeln aus Satz 3.2.2.

(Lösungscode: SB04DF0B008)

Kl C:

1. Zeigen Sie, dass für die Areafunktionen die folgenden Zusammenhänge gelten:

   (a)
   $$\operatorname{arsinh}(x) = \ln\left(x + \sqrt{x^2+1}\right)$$

   (Lösungscode: SB04DF0C001)

   (b)
   $$\operatorname{arcosh}(x) = \ln\left(x + \sqrt{x^2-1}\right)$$

   (Lösungscode: SB04DF0C002)

   (c)
   $$\operatorname{artanh}(x) = \frac{1}{2} \cdot \ln\left(\frac{1+x}{1-x}\right)$$

   (Lösungscode: SB04DF0C003)

2. Bestimmen Sie den Punkt x_0, an der die Tangente von

   $$f(x) = 0.1x^4 + 0.4x^3 - 0.8x^2 - 5.8x + 1$$

   mit der x-Achse einen Winkel von $\frac{3\pi}{4}$ einschließt.

   (Lösungscode: SB04DF0C004)

3. Welcher Bedingung müssen die Parameter $a, b, c \in \mathbb{R}$ genügen, damit die Funktion $f(x) = x^3 + ax^2 + bx + c$ nirgends eine waagerechte Tangente besitzt?

   (Lösungscode: SB04DF0C005)

4. Als Erweiterung der idealen Gasgleichung $pV = Nk_BT$ hatte Van-der-Waals die folgende Zustandsgleichung für reale Gase vorgeschlagen

$$\left(p + \frac{p^2}{(k_BT)^2}a\right)(V - Nb) = Nk_BT.$$

(p: Druck, V: Volumen, N: absolute Teilchenzahl, k_B: Boltzmannkonstante, T: thermodynamische Temperatur, a, b: gasabhängige Konstanten)

(a) Zeigen Sie, dass sich die o. a. Zustandsgleichung auch in der Form eines hier pV-Term bezeichneten Ausdrucks

$$pV = \frac{Nk_BT}{1 + \frac{pa}{(k_BT)^2}} + pNb$$

schreiben lässt.

(Lösungscode: SB04DF0C006)

(b) Für kleine Drücke und große Temperaturen gilt

$$\frac{pa}{(k_BT)^2} << 1$$

und der erste Summand des pV-Terms lässt sich in Abhängigkeit von p annähern durch

$$S_1(p) := \frac{Nk_BT}{1 + \frac{pa}{(k_BT)^2}} \approx \frac{d^0}{dp^0}S_1(p)\Big|_{p\approx 0} + \frac{d^1}{dp^1}S_1(p)\Big|_{p\approx 0}$$

Berechnen Sie den genäherten Ausdruck für den pV-Term.

(Lösungscode: SB04DF0C007)

Kl D:

1. Gegeben sei für $n \in \mathbb{N}$

$$f(x) = x^n \sin\left(\frac{1}{x}\right), \; x \neq 0 \text{ und } f(0) = 0.$$

Bestimmen Sie die Stellen, wo die Funktion stetig und differenzierbar bzw. stetig differenzierbar ist und geben Sie die erste Ableitung an.

(Lösungscode: SB04DF0D001)

2. Wie lautet die Gleichung der Geraden, die die Kurve $y = x^2 - \frac{3}{2}x + 4$ berührt und die Gerade $y = 2x - 3$ im rechten Winkel schneidet?

(Lösungscode: SB04DF0D002)

3. Gegeben sei die Funktion $f : \mathbb{R} \longrightarrow \mathbb{R}$ durch

$$f(x) = \begin{cases} \frac{1}{q} & \text{falls } x = \frac{p}{q},\ p \in \mathbb{Z} \setminus \{0\}, q \in \mathbb{N}, p, q \text{ teilerfremd} \\ 1 & \text{falls } x = 0 \\ 0 & \text{sonst} \end{cases}$$

Zeigen Sie, dass f genau an den Punkten $x \in \mathbb{Q}$ unstetig ist, d. h. an den Stellen $x \in \mathbb{R} \setminus \mathbb{Q}$ stetig.

(Lösungscode: SB04DF0D003)

3.3 Extremwertsatz, höhere Ableitungen und Mittelwertsatz

Eine der wichtigsten Anwendungen der Ableitung ist das Auffinden von Extremwerten, wie wir sie bereits in Definition 3.1.5 und Satz 3.1.10 kennen gelernt haben.

Satz 3.3.1.
Sei $f : [a, b] \longrightarrow \mathbb{R}$ stetig und auf $]a, b[$ differenzierbar. Besitzt f in $x_0 \in]a, b[$ ein lokales Maximum (oder Minimum), also ein Extremum, so gilt

$$f'(x_0) = 0$$

Beweis.
Es sei $h > 0$. Dann gilt, da f bei x_0 ein lokales Maximum besitzt (analog erfolgt der Beweis für ein lokales Minimum):

$$\frac{f(x_0 + h) - f(x_0)}{h} \leq 0$$

und für $h < 0$ folgt

$$\frac{f(x_0 + h) - f(x_0)}{h} \geq 0$$

(denn in beiden Fällen gilt $f(x_0 + h) \leq f(x_0)$.)

Da f bei x_0 differenzierbar ist, folgt:

$$0 \leq \lim_{h \downarrow 0} \frac{f(x_0 + h) - f(x_0)}{h} = \lim_{h \uparrow 0} \frac{f(x_0 + h) - f(x_0)}{h}$$

also $f'(x_0) = 0$. □

Wir betrachten zwei Beispiele.

Beispiele 3.3.1.

1. *Es sei $f(x) = 4x^2 + 9x + 1$. Dann folgt $f'(x) = 8x + 9$ und $f'(x_0) = 0$ für $x_0 = -\frac{9}{8} = -1.125$.*
   Für alle $x \in]-\infty, -1.125[$ ist $f'(x) < 0$ und f dort s.m.f. . Für $x \in]-1.125, \infty[$ ist $f'(x) > 0$ und f dort s.m.w., womit folgt

   $$\lim_{x \to \infty} f(x) = \lim_{x \to -\infty} f(x) = \infty$$

   So muss bei $x = -1.125$ ein absolutes (also auch relatives) Minimum vorliegen.

2. *Betrachtet man* $f(x) = x^3 - 25$, *so gilt* $f'(x_0) = 3x_0^2 = 0 \Leftrightarrow x_0 = 0$. *Damit könnte man bei* $x_0 = 0$ *ein Extremum vermuten. Allerdings gilt*

$$f(x) < 25 \text{ für } x < 0 \text{ und } f(x) > 25 \text{ für } x > 0$$

Somit liegt trotz $f'(0) = 0$ *bei* $x_0 = 0$ *weder ein relatives Maximum noch Minimum vor.*

Um ein relatives Extremum damit eindeutig ermitteln zu können, benötigen wir noch eine zusätzliche Bedingung. Diese finden wir, wenn wir die Funktion noch einmal ableiten.

Definition 3.3.1. *(Höhere Ableitungen)*
Ist $f : [a,b] \longrightarrow \mathbb{R}$ *differenzierbar auf* $]a,b[$ *und ist für* $x_0 \in]a,b[$ *auch* $f'(x)$ *differenzierbar bei* x_0, *so nennen wir* $(f')'(x_0) = f''(x_0)$ *die* **zweite Ableitung** *von* f *bei* x_0.
Entsprechend definiert man für ein $n \in \mathbb{N}$ *die* n**-te Ableitung**; *in Zeichen*

$$f^{(n)}(x_0) \text{ oder } \frac{d^n f(x)}{dx^n}|_{x=x_0}$$

Bemerkungen 3.3.1.

1. *Ist bei einer Funktion, wie in Definition 3.3.1, die* n*-te Ableitung in* x_0 *bestimmbar, so wird die Funktion* n**-mal differenzierbar** *in* x_0 *genannt.*

2. *Der Wert der zweiten Ableitung besitzt auch eine geometrische Bedeutung, vergleichbar zum Wert der ersten Ableitung als Tangentensteigung.*
Leider wird oft aber der Fehler gemacht, den Wert der zweiten Ableitung als Krümmung der Funktion zu bezeichnen. Da die Krümmung κ *einer 2-mal differenzierbaren Funktion in einem Punkt* x_0 *jedoch wie folgt gegeben ist*[6]

$$\kappa(x_0) = \frac{f''(x_0)}{\sqrt{(1 + (f'(x_0))^2)^3}}$$

Besitzen die zweite Ableitung und die Krümmung lediglich das gleiche Vorzeichen, weshalb man korrekt nur davon spricht, dass der Wert der zweiten Ableitung einer Funktion in x_0 *durch sein Vorzeichen dort das* **Krümmungsverhalten** *beschreibt.*

[6] Die Formel für die Krümmung folgt aus der Theorie der ebenen Kurven und wird hier nicht hergeleitet werden.

3. *Man definiert, weil es in der Notation oft nützlich ist, auch die n-te Ableitung für $n = 0$, nämlich als die Funktion selber*

$$f^{(0)}(x) = f(x)$$

Satz 3.3.2.
Es sei $f : [a, b] \longrightarrow \mathbb{R}$ stetig und auf $]a, b]$ zweimal differenzierbar. Es gelte für ein $x_0 \in]a, b[$ dass $f'(x_0) = 0$.
f besitzt in x_0 ein relatives Minimum (Maximum), wenn

$$f''(x_0) > 0 \quad (f''(x_0) < 0)$$

Beispiel 3.3.2.
Man bestimme die Extremwerte der Funktion

$$f(x) = \frac{x}{x^2 + 1}$$

Lösung:

$$\begin{aligned} f'(x) &= \frac{1 - x^2}{(x^2 + 1)^2} \\ f''(x) &= \frac{-2x(x^2 + 1)^2 - (1 - x^2)4x(x^2 + 1)}{(x^2 + 1)^4} = \frac{2x^3 - 6x}{(x^2 + 1)^3} \end{aligned}$$

Notwendige Bedingung für Extremwerte: $f'(x) = 0$:

$$\frac{1 - x^2}{(x^2 + 1)^2} = 0 \Leftrightarrow x_1 = 1, x_2 = -1.$$

$$\Rightarrow f(1) = \frac{1}{2}, \quad f(-1) = -\frac{1}{2}$$

Einsetzen der Nullstellen von f' in f'':

- $$f''(1) = \frac{-4}{8} = -\frac{1}{2} < 0$$

  Damit besitzt f im Punkt $\left(1, \frac{1}{2}\right)$ ein relatives Maximum.

- $$f''(-1) = \frac{4}{8} = \frac{1}{2} > 0$$

  Damit besitzt f im Punkt $\left(-1, -\frac{1}{2}\right)$ ein relatives Minimum.

Wir betrachten noch einmal eine Funktion $f : [a, b] \longrightarrow \mathbb{R}$, die auf $]a, b[$ differenzierbar ist. Wir nehmen an $f(a) = f(b)$, z. B.

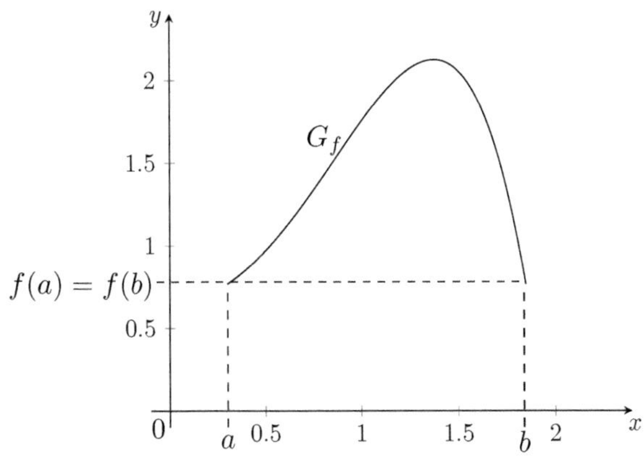

Abbildung 3.13: Extremum bei $f(a) = f(b)$

Abbildung 3.13 zeigt bereits, dass die dargestellte Funktion f einen Punkt $x_0 \in]a, b[$ besitzen muss, für den $f'(x_0) = 0$ gilt. Dies formuliert der

Satz 3.3.3. *(Satz von Rolle)*
Sei $f : [a, b] \longrightarrow \mathbb{R}$ stetig und auf $]a, b[$ differenzierbar mit $f(a) = f(b)$. Dann gibt es ein $x_0 \in]a, b[$ mit

$$f'(x_0) = 0$$

Beweis.
Nehmen wir an, dass f nicht konstant ist (sonst ist die Aussage klar). Dann gibt es ein $x \in]a, b[$ mit $f(x) > f(a)$ (oder $f(x) < f(a)$). Nehmen wir den ersten Fall, $f(x) > f(a)$, an ($f(x) < f(a)$ geht analog).
Da f stetig ist, gibt es daher einen Punkt $x_0 \in]a, b[$, so dass $f(x_0) = \max\{f(x); x \in [a, b]\}$ (siehe Satz 3.1.10). f ist auf $]a, b[$ differenzierbar, also folgt nach Satz 3.3.1, dass $f'(x_0) = 0$ gilt. □

Nun wollen wir einen zentralen Satz der Differenzialrechnung behandeln, den *Mittelwertsatz*, welcher gerne als Verallgemeinerung der Satzes von Rolle dargestellt wird und in zwei Fassungen existiert:

Satz 3.3.4. *(1. Mittelwertsatz)*
Sei $f : [a,b] \longrightarrow \mathbb{R}$ *stetig und auf* $]a,b[$ *differenzierbar. Dann gibt es ein* $x_0 \in]a,b[$ *mit*

$$f'(x_0) = \frac{f(b) - f(a)}{b - a}$$

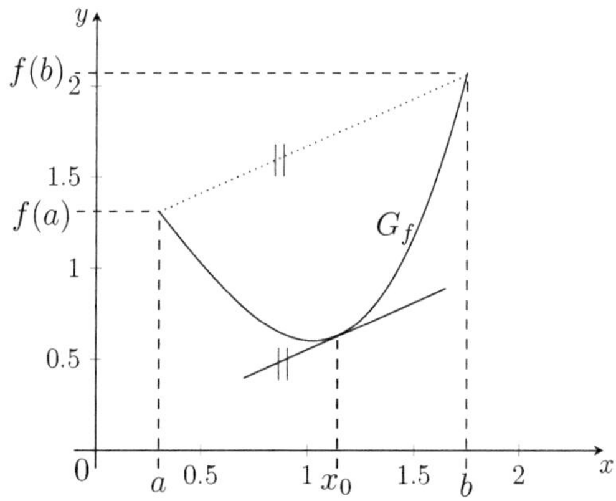

Abbildung 3.14: 1. Mittelwertsatz

Beweis. Wir definieren

$$g(x) = f(x) - f(a) - \frac{f(b) - f(a)}{b - a}(x - a)$$

Dann ist g stetig auf $[a,b]$ und differenzierbar auf $]a,b[$. Es gilt:

$$g(a) = 0 = g(b), g'(x) = f'(x) - \frac{f(b) - f(a)}{b - a}$$

Wegen Satz 3.3.3 gilt somit: es gibt ein $x_0 \in]a,b[$ mit

$$0 = g'(x_0) = f'(x_0) - \frac{f(b) - f(a)}{b - a}$$

und damit folgt die Behauptung. □

Anschaulich kann man Satz 3.3.4 auch über das folgende Beispiel beschreiben.

Beispiel 3.3.3.
Angenommen man fährt zur Arbeit und legt eine Strecke von 60 km zurück. Dazu bracht man 1 Stunde.
Natürlich wird man nicht dauernd konstant 60km/h fahren, sondern mal schneller und mal langsamer, der reale Streckenverlauf wird dann durch $s(t)$ beschrieben. Die Ableitung von $s(t)$ ist bekanntlich die Geschwindigkeit zu jedem Zeitpunkt t.
Aber ganz gleich, welche Geschwindigkeit das Auto in der einen Stunde besitzen mag, die Steigung der Sekante von $(0,0)$ bis $(1h, 60km)$ bestimmt die mittlere Geschwindigkeit von 60km/h und der Mittelwertsatz besagt, dass zu einem Zeitpunkt der Tacho tatsächlich 60km/h anzeigen wird.

Als Folgerungen aus dem Mittelwertsatz 3.3.4 ergeben sich einige Korollare, die insbesondere für die Themen späterer Kapitel von Relevanz sind.

Korollar 3.3.1.
Es gilt für eine stetige Funktion $f : [a,b] \longrightarrow \mathbb{R}$, die auf $]a,b[$ differenzierbar ist:

$$\forall x \in]a,b[: \; f'(x) = 0 \Leftrightarrow f(x) \equiv konst.$$

Beweis.
Wir müssen nur „$\Rightarrow$“ einsehen. Dazu sei $x \in]a,b[$ beliebig. Nach dem Mittelwertsatz 3.3.4 gibt es ein $x_0 \in]a,x[$, so dass

$$0 = f'(x_0) = \frac{f(x) - f(a)}{x - a}$$

also $f(a) = f(x)$. Da f stetig ist, gilt auch $f(a) = f(b)$ und somit ist f konstant. □

Korollar 3.3.2.
Sind $f, g : [a,b] \longrightarrow \mathbb{R}$ stetige Funktionen, die auf $]a,b[$ differenzierbar sind und gilt

$$f'(x) = g'(x)$$

für alle $x \in]a,b[$, so gibt es ein $c \in \mathbb{R}$ mit

$$f(x) = g(x) + c \text{ für alle } x \in [a,b].$$

Beweis. (zu Korollar 3.3.2)
Wir definieren

$$h(x) = f(x) - g(x)$$

Dann ist $h : [a,b] \longrightarrow \mathbb{R}$ stetig und auf $]a,b[$ differenzierbar. Außerdem gilt $h'(x) = f'(x) - g'(x) = 0$ für alle $x \in]a,b[$. Nach Punkt 1) folgt $h(x) = c =$ konst und damit

$$f(x) - g(x) = c \Leftrightarrow f(x) = g(x) + c$$

□

Eine Verallgemeinerung von Satz 3.3.4 formuliert der 2. Mittelwertsatz

Satz 3.3.5. *(2. Mittelwertsatz)*
Seien $f, g : [a,b] \longrightarrow \mathbb{R}$ stetig und auf $]a,b[$ differenzierbar, $g'(x) \neq 0$ für alle $x \in]a,b[$. Dann gibt es ein $x_0 \in]a,b[$ mit

$$\frac{f'(x_0)}{g'(x_0)} = \frac{f(b) - f(a)}{g(b) - g(a)}$$

Die zweite Fassung des Mittelwertsatzes (Satz 3.3.5) bildet die Grundlagen für die Berechnung von Grenzwerten bei Quotienten von Funktionen, auch bekannt als die Regeln von L'Hospital[7]

Satz 3.3.6. *(1. Regel von L'Hospital)*

1. *Gegeben seien zwei stetige Funktionen $f, g :]a,b] \longrightarrow \mathbb{R}$, die auf $]a,b[$ differenzierbar sind. Weiter gelte $g'(x) \neq 0$ auf $]a,b[$ und*

$$\lim_{x \downarrow a} f(x) = \lim_{x \downarrow a} g(x) = 0.$$

Existiert $\lim\limits_{x \downarrow a} \dfrac{f'(x)}{g'(x)}$, *so existiert auch* $\lim\limits_{x \downarrow a} \dfrac{f(x)}{g(x)}$

und es gilt

$$\lim_{x \downarrow a} \frac{f(x)}{g(x)} = \lim_{x \downarrow a} \frac{f'(x)}{g'(x)}$$

[7] Guillaume Francois Antoine Marquis de L'Hospital (1661-1704), französischer Mathematiker, verfasste das erste Lehrbuch der Differenzialrechnung. Seine Arbeit *„Analyse des infiniment petits"* (1696) geht auf den Unterricht bei Johann Bernoulli zurück und enthält die hier erwähnte Regel von L'Hospital. Er arbeitete auf dem Gebiet der Infinitesimalrechnung.

2. *Gegeben seien zwei stetige Funktionen* $f, g : [a, b[\longrightarrow \mathbb{R}$, *die auf* $]a, b[$ *differenzierbar sind. Weiter gelte* $g'(x) \neq 0$ *auf* $]a, b[$ *und*

$$\lim_{x \uparrow b} f(x) = \lim_{x \uparrow b} g(x) = 0.$$

Falls der Grenzwert $\lim_{x \uparrow b} \frac{f'(x)}{g'(x)}$ *existiert, so existiert auch* $\lim_{x \uparrow b} \frac{f(x)}{g(x)}$ *und*

$$\lim_{x \uparrow b} \frac{f(x)}{g(x)} = \lim_{x \uparrow b} \frac{f'(x)}{g'(x)}$$

Satz 3.3.7. *(2. Regel von L'Hospital)*
Satz 3.3.6 gilt, bei ansonsten gleichen Voraussetzungen, auch für den Fall

$$\lim_{x \downarrow a} f(x) = \lim_{x \downarrow a} g(x) = \pm\infty$$

bzw.

$$\lim_{x \uparrow b} f(x) = \lim_{x \uparrow b} g(x) = \pm\infty$$

Bemerkungen 3.3.2.

1. *Die Aussagen der Sätze 3.3.6 und 3.3.7 gelten zudem, wenn man* $a = -\infty$ *bzw.* $b = \infty$ *setzt.*

2. *Der Fall* $\lim_{x \downarrow a} f(x) = \lim_{x \downarrow a} g(x) = \pm\infty$ *aus Satz 3.3.7 kann dadurch behandelt werden, dass man die Gleichung*

$$\frac{f(x)}{g(x)} = \frac{\frac{1}{g(x)}}{\frac{1}{f(x)}}$$

verwendet und beachtet, dass dann Zähler wie Nenner gegen 0 konvergieren, womit man wieder den Fall aus Satz 3.3.6 erhält.

3. *Die Regeln von L'Hospital können immer dann zur Anwendung kommen, wenn ein Grenzwert bei einem Quotienten von differenzierbaren Funktionen bestimmt werden soll.*

4. *Ein beliebter Fehler bei der Anwendung der Regeln von L'Hospital besteht darin, dass die Grenzwerte der Quotienten* $\frac{f'(x)}{g'(x)}$ *und* $\frac{f(x)}{g(x)}$ *von vorneherein gleich gesetzt werden.*
Es muss aber erst die Existenz des Grenzwertes des Quotienten $\frac{f'(x)}{g'(x)}$ *gesichert sein, bevor die Gleichsetzung erfolgen darf.*

5. *Unter Umständen kann auch eine mehrfache Anwendung der Regeln von L'Hospital bei einer Grenzwertbestimmung notwendig werden.*

Beispiel 3.3.4.
Gegeben sei

$$f :]0, \infty[\longrightarrow \mathbb{R}, f(x) = \frac{1}{\ln(1+x)} - \frac{1}{x}$$

Wir suchen

$$\lim_{x \to 0^+} f(x)$$

Zuerst schreiben wir um

$$\frac{1}{\ln(1+x)} - \frac{1}{x} = \frac{x - \ln(1+x)}{x \ln(1+x)} \xrightarrow[x \to 0^+]{} „\frac{0}{0}“$$

Mit L'Hospital ergibt dies

$$\lim_{x \to 0+} \frac{1 - \frac{1}{1+x}}{\ln(1+x) + \frac{x}{1+x}} = \lim_{x \to 0+} \frac{x}{(1+x)\ln(1+x) + x} = „\frac{0}{0}“$$

Wir können erneut L'Hospital anwenden:

$$\Rightarrow \lim_{x \to 0+} \frac{1}{\ln(1+x) + 1 + 1} = \frac{1}{2}$$

woraus wir jetzt folgern dürfen

$$\lim_{x \to 0+} f(x) = \frac{1}{2}$$

Es folgt noch eine Anwendung des Satzes von Rolle für differenzierbare Funktionen.

Satz 3.3.8.
Gegeben sei eine (stetige) Funktion $f : [a, b] \longrightarrow \mathbb{R}$, *die auf* $]a, b[$ *differenzierbar ist und für welche die beiden Grenzwerte*

$$f'(a) = \lim_{h \downarrow 0} \frac{f(a+h) - f(a)}{h} \text{ und } f'(b) = \lim_{h \uparrow 0} \frac{f(b+h) - f(b)}{h}$$

existieren. Gilt $f'(a) \neq f'(b)$, *so existiert zu jedem* c *echt zwischen* $f'(a)$ *und* $f'(b)$ *ein* $x_0 \in]a, b[$ *mit* $f'(x_0) = c$

Da wir wissen, dass nicht jede differenzierbare Funktion auch stetig differenzierbar ist, zeigt Satz 3.3.8, dass die Zwischenwerteigenschaft bei Funktionen nicht ein Alleinstellungsmerkmal von stetigen Funktionen ist.

Zum Schluss dieses Abschnitts möchten wir noch daraufhin weisen, dass manchmal die Differenzierbarkeit an einer Stelle $x_0 \in]a,b[$ zwar unbekannt ist, man aber unter der Voraussetzung, dass $f'(x)$ für $x < x_0$ und $x > x_0$ bekannt ist, auf die Steigung an der Stelle x_0 schließen kann.

Wie dies geht, formuliert der folgende Satz.

Satz 3.3.9.
Es seien $x_0 \in]a,b[$, $f : [a,b] \longrightarrow \mathbb{R}$ stetig und differenzierbar auf $]a,x_0[$ und $]x_0,b[$.
Existieren die Grenzwerte

$$\lim_{x \uparrow x_0} f'(x) \quad \textit{und} \quad \lim_{x \downarrow x_0} f'(x)$$

und sind gleich, so ist auch f bei x_0 differenzierbar und es gilt

$$f'(x_0) = \lim_{x \uparrow x_0} f'(x)$$

3.3.1 Kurzaufgaben zum Verständnis

1. Ist $f : [a,b] \longrightarrow \mathbb{R}$ auf $]a,b[$ differenzierbar mit $f(a) < f(b)$, so gilt immer $f'(x) > 0$ für alle $x \in]a,b[$.

   □ wahr □ falsch

2. Ist $f : [a,b] \longrightarrow \mathbb{R}$ stetig und auf $]a,b[$ zweimal differenzierbar und ist $x_0 \in]a,b[$ der einzige Punkt mit $f'(x_0) = 0$, so ist dort das absolute Maximum, wenn $f''(x_0) < 0$ gilt.

   □ wahr □ falsch

3. Ist $f : [a,b] \longrightarrow \mathbb{R}$ stetig, differenzierbar auf $]a,b[$ und streng monoton wachsend, so gilt $f'(x) > 0$ für alle $x \in]a,b[$.

   □ wahr □ falsch

4. Ist $f : [a,b] \longrightarrow \mathbb{R}$ stetig und differenzierbar auf $]a,b[$. Gibt es genau einen Punkt $x_0 \in]a,b[$ mit $f'(x_0) = 0$, so liegen das absolute Maximum und Minimum von f bei a bzw. b.

   □ wahr □ falsch

5. Ist $f : [a,b] \longrightarrow \mathbb{R}$ stetig und differenzierbar auf $]a,b[$ mit $f'(x) < 0$, so ist f streng monoton fallend

   □ wahr □ falsch

6. Ist $f : [0,\infty[\longrightarrow \mathbb{R}$ differenzierbar, streng monoton wachsend und nach oben beschränkt, so gilt

$$\lim_{x \to \infty} f'(x) = 0$$

   □ wahr □ falsch

3.3.2 Übungen

Lösungsvideos zu den Übungen können auf www.lsgn24h.de über die Eingabe des Lösungscodes abgerufen werden.

Kl A:

1. Ein Stoßdämpfer befindet sich zur Zeit $t < 0$ in Ruhelage. Im Zeitpunkt $t = 0$ wird ihm ein Stoß versetzt. Seine Auslenkung $x(t)$ aus der Ruhelage gehorcht für $t \geq 0$ dem Gesetz $x(t) = C_0 \cdot t \cdot e^{-kt}$. Dabei hängt die Konstante C_0 ($C_0 > 0$) von der Stärke des Stoßes und k von der Bauart des Stoßdämpfers ab.

   (a) Zu welchem Zeitpunkt ist die Auslenkung maximal?

   (Lösungscode: SB04HA0A001)

   (b) Wie groß ist die maximale Auslenkung?

   (Lösungscode: SB04HA0A002)

   (c) Wenn man x in cm und t in Sekunden misst, welche Einheiten haben dann die Konstanten C_0 und k?

   (Lösungscode: SB04HA0A003)

2. Berechnen Sie die ersten drei Ableitungen von

   (a) $\varphi(x) = \frac{1}{\sqrt{2\pi}} \cdot e^{-\frac{x^2}{2}}$.
   (Bestimmen Sie zusätzlich jeweils die Nullstellen.)

   (Lösungscode: SB04HA0A004)

   (b) $f(x) = 2x \cdot \ln\left(\frac{3}{x}\right)$.

   (Lösungscode: SB04HA0A005)

3. Beweisen Sie Satz 3.3.5

   (Lösungscode: SB04HA0A006)

Kl B:

1. Ein Körper verliert durch Ausstrahlung umso weniger Wärme, je kleiner seine Oberfläche ist. Welche Gestalt hat man infolgedessen einem Quader von quadratischer Grundfläche bei konstantem Volumen V zu geben, damit der Wärmeverlust minimal wird?

   (Lösungscode: SB04HA0B001)

2. Der Querschnitt einer (oben offenen) Dachrinne soll die Form eines Rechtecks mit unten angesetztem Halbkreis haben; der Querschnitt habe den Flächeninhalt $A = 3\,\mathrm{dm}^2$. Wie lässt sich die vorgesehene Formgebung verwirklichen, wenn dabei der massive Rand des Querschnittes möglichst klein werden soll, damit Material gespart wird?

   (Lösungscode: SB04HA0B002)

3. Es liegen n Messungen y_i für eine unbekannte Größe vor. Bestimmen Sie einen Schätzwert $\hat{y}$ für die gesuchte Größe, so dass die Summe SQ der quadratischen Abweichung von $\hat{y}$ ein Minimum wird, also

$$SQ = \sum_{i=1}^{n} (y_i - \hat{y})^2 \to \min.$$

   (Lösungscode: SB04HA0B003)

4. Zeigen Sie:

   (a) $\tan(x) > x$ für $x \in]0, \frac{\pi}{2}[$.

   (Lösungscode: SB04HA0B004)

   (b) $e^x > 1 + x$ für $x > 0$

   (Lösungscode: SB04HA0B005)

   (c) $\frac{x}{1+x^2} < \arctan(x) < x$ für $x > 0$

   (Lösungscode: SB04HA0B006)

5. Man beurteile, ob die folgenden Grenzwerte existieren und bestimme sie

   (a)
   $$\lim_{x \to \frac{\pi}{2}} \left(\frac{x}{\cot(x)} + \frac{\frac{\pi}{2}}{\cos(x)} \right)$$
   (Lösungscode: SB04HA0B007)

   (b)
   $$\lim_{x \to 0+} \frac{\sin^2(\sqrt{x})}{1 - \cos(x)}$$
   (Lösungscode: SB04HA0B008)

   (c)
   $$\lim_{x \to 0} \left(\frac{1}{\sin(x)} + \frac{1}{\ln(1 - x)} \right)$$
   (Lösungscode: SB04HA0B009)

   (d)
   $$\lim_{x \to \infty} x^{\frac{1}{x}}$$
   (Lösungscode: SB04HA0B010)

   (e)
   $$\lim_{x \to 0} \left(x \cdot \frac{x - \arctan(x)}{1 - \cos(x)} \right)$$
   (Lösungscode: SB04HA0B011)

6. An den vier Ecken eines quadratischen Bleches mit der Seitenlänge 42 cm sollen gleiche Quadrate abgeschnitten und aus dem übrigbleibenden Stück ein oben offener Kasten gebildet werden. Wie groß müssen die Seiten der abzuschneidenden Quadrate gewählt werden, damit der Rauminhalt des Kastens möglichst groß wird?

   (Lösungscode: SB04HA0B012)

7. Der Strahl einer Wasserspritze hat eine Anfangsgeschwindigkeit von $v_0 = 25\,\text{m/s}$. In welchem Winkel gegen die Waagerechte muss die Spritze gehalten werden, damit ein möglich hoher Punkt an einer 10 m entfernten Wand getroffen wird (ohne Luftreibung)?

   (Lösungscode: SB04HA0B013)

Kl C:

1. Bestimmen Sie für die Funktion $f(x) = x^x$ den Grenzwert

$$\lim_{x \to 0^+} f(x)$$

nach der Regel von L'Hospital.
Was lässt sich mithilfe dieses Grenzwertes begründen?

(Lösungscode: SB04HA0C001)

2. In welcher Höhe h über dem Punkt B muss eine punktförmige Lichtquelle L angebracht werden, damit die Stelle A, die einen Abstand a von B hat, am besten beleuchtet wird? Man beachte, dass die Beleuchtungsstärke zu $\sin(\alpha)$ direkt und zu r^2 umgekehrt proportional ist (α ist der Winkel $\angle BAL$ und r stellt die Länge der Strecke AL dar).

(Lösungscode: SB04HA0C002)

3. Es sei $f :]0, 1] \longrightarrow \mathbb{R}$ auf $]0, 1[$ differenzierbar und es existiere

$$\lim_{x \to 0^+} f'(x)$$

Dann existiert auch

$$\lim_{x \to 0^+} f(x) = y_0$$

Kann man die Funktion f auf $[0, 1]$ stetig fortsetzen? Wenn ja, existiert dann bei $x_0 = 0$ auch die rechtsseitige Ableitung, d. h.

$$f'_+(0) = \lim_{h \to 0+} \frac{f(h) - f(0)}{h}$$

und welchen Wert hat sie?

(Lösungscode: SB04HA0C003)

4. Es seien $f, g : [a, .b] \longrightarrow \mathbb{R}$ stetig und differenzierbar auf $]a, b[$. Es gelte $f(a) = g(a)$ und $f'(x) > g'(x)$ $(x \in]a, b[)$. Zeigen Sie mit dem Mittelwertsatz: $f(b) > g(b)$.

(Lösungscode: SB04HA0C004)

5. Gegeben ist die Funktion $f : \mathbb{R} \longrightarrow \mathbb{R}$ gemäß

$$y = f(x) = \begin{cases} f_1(x) = 2 - |x| & \text{für } |x| \leq 1 \\ f_2(x) = e^{-(|x|-1)} & \text{für } |x| > 1 \end{cases}$$

   (a) Zeigen Sie die Symmetrie der Funktion. Welche? Zeichnen Sie die Funktion im Bereich $-2 \leq x \leq 2$.

   (Lösungscode: SB04HA0C005)

   (b) Zeigen Sie, dass die Funktion f stetig ist. Sie können annehmen, dass die Funktionen f_1 und f_2 stetig sind.

   (Lösungscode: SB04HA0C006)

   (c) Geben Sie die Punkte an, an denen f nicht differenzierbar ist (mit Begründung).

   (Lösungscode: SB04HA0C007)

   (d) Welche Punkte der zugehörigen Kurve haben vom Nullpunkt den kleinsten Abstand? Wie groß ist dieser?

   (Lösungscode: SB04HA0C008)

Kl D:

1. Es seien $f : [0, \infty[\longrightarrow \mathbb{R}$ differenzierbar auf $]0, \infty[$ und $A \in \mathbb{R}$ mit $A = \lim_{x\to\infty} f'(x)$. Zeigen oder widerlegen Sie:

   (a)

$$\lim_{x\to\infty} (f(x+1) - f(x)) = A$$

   (Lösungscode: SB04HA0D001)

   (b) Ist f beschränkt, so gilt $A = 0$.

   (Lösungscode: SB04HA0D002)

   (c) Ist $A = 0$ und f beschränkt, so existiert der Grenzwert

$$\lim_{x\to\infty} f(x)$$

   (Lösungscode: SB04HA0D003)

2. Es sei $f : [a,b] \longrightarrow \mathbb{R}$ $(a < b)$ auf $]a,b[$ differenzierbar. Beweisen Sie:

   Ist $f(a) = 0$ und es existiere ein $\alpha > 0$ mit $f'(x) \leq \alpha f(x)$, so gilt $f(x) \leq 0$ auf $[a,b]$.

   (Hinweis: Betrachten Sie $g(x) = f(x)e^{-\alpha x}$).

(Lösungscode: SB04HA0D004)

3.4 Taylorreihen

Wir betrachten in diesem Abschnitt die Ableitungen einer Potenzreihe und gehen der Frage nach, wie und unter welchen Bedingungen man eine Funktion als Potenzreihe darstellen kann.
Beginnen wir mit der folgenden allgemeinen Potenzreihe über der Folge $(a_n)_{n\in\mathbb{N}_0}$

$$f(x) = \sum_{n=0}^{\infty} a_n \cdot (x - x_0)^n \quad \text{für festes } x_0 \in \mathbb{R} \tag{3.31}$$

Angenommen die Potenzreihe (3.31) besitze einen Konvergenzradius $r > 0$. Dann wissen wir aus Abschnitt 2.5, dass für alle $x \in]x_0 - r, x_0 + r[$ die Reihe konvergiert.
Wir differenzieren die Potenzreihe (3.31) formal und erhalten.

$$f'(x) = \sum_{n=0}^{\infty} n \cdot a_n \cdot (x - x_0)^{n-1} = \sum_{n=1}^{\infty} n \cdot a_n \cdot (x - x_0)^{n-1} \tag{3.32}$$

Die Reihe (3.32) konvergiert erneut wieder für $|x - x_0| < r$, was man mit den üblichen Kriterien zur Berechnung des Konvergenzradius zeigt.
Setzt man die höheren Ableitungen sukzessive fort, so werden die Ergebnisse in folgendem Satz formuliert.

Satz 3.4.1.
Es seien $f(x) = \sum_{n=0}^{\infty} a_n(x - x_0)^n$ eine Potenzreihe mit Konvergenzradius $r > 0$ und $x \in]x_0 - r, x_0 + r[= I_r$.
Dann ist f für $x \in I_r$ beliebig oft differenzierbar und es gilt, mit $m \in \mathbb{N}_0$

$$f^{(m)}(x) = \sum_{n=m}^{\infty} n \cdot (n-1) \cdot \ldots \cdot (n - m + 1) \cdot a_n \cdot (x - x_0)^{n-m} \tag{3.33}$$

Korollar 3.4.1.
Insbesondere folgt aus (3.33), wenn man die m-te Ableitung am Entwicklungspunkt $x = x_0$ betrachtet, dass alle Summanden verschwinden, bis auf dem zur Untergrenze der Summe gehörenden

$$f^{(m)}(x_0) = m \cdot (m-1) \cdot \ldots \cdot (m - m + 1) \cdot a_m = m! \cdot a_m$$

und damit ergibt sich die Beziehung zwischen f und den einzelnen Koeffizienten der Potenzreihe

$$a_m = \frac{f^{(m)}(x_0)}{m!}$$

Wir wählen jetzt als Ansatz noch den umgekehrten Weg, um anschließend zu sehen, dass man das gleiche Ziel erreicht. Für diesen Ansatz betrachten wir eine beliebige Funktion f, die mindestens m-mal differenzierbar sei. Unser Ziel ist es, diese Funktion wenn möglich durch eine einfache Funktion, sprich ein Polynom, zu approximieren.
Nehmen wir sogar an, f sei beliebig oft differenzierbar und wir könnten f durch eine (noch unbekannte) Potenzreihe darstellen:

$$f(x) = \sum_{n=0}^{\infty} a_n (x - x_0)^n \tag{3.34}$$

Unter diesen Voraussetzungen ergeben sich erneut die Koeffizienten der Potenzreihe aus Korollar 3.4.1

$$\begin{aligned} f(x_0) &= a_0 \\ f'(x_0) &= a_1 \\ f''(x_0) &= 2 \cdot 1 \cdot a_2 \Rightarrow a_2 = \frac{f''(x_0)}{2!} \\ &\vdots \\ f^{(m)}(x) &= m! \cdot a_m \Rightarrow a_m = \frac{f^{(m)}(x_0)}{m!} \end{aligned}$$

Somit definieren wir zu einer m-mal differenzierbaren Funktion f ein bestimmtes Polynom vom Grade m wie folgt:

Definition 3.4.1. *(Taylorpolynom, Taylorreihe)*
Seien $I \subset \mathbb{R}$ ein Intervall und $f : I \longrightarrow \mathbb{R}$

1. *Ist f in einer Umgebung von $x_0 \in I$ m-mal differenzierbar, dann definieren wir*

   $$p_m(x) = \sum_{n=0}^{m} \frac{f^{(n)}(x_0)}{n!}(x - x_0)^n \, , \; x \in I$$

   als das **Taylorpolynom** *m-ten Grades (oder m*-**tes Taylorpolynom**) *von f bezüglich x_0.*

2. *Ist f bei $x_0 \in I$ beliebig oft differenzierbar, so nennen wir die Potenzreihe mit dem Konvergenzradius $r > 0$*

   $$T_f(x) = \sum_{n=0}^{\infty} \frac{f^{(n)}(x_0)}{n!}(x - x_0)^n \, , \; x \in]x_0 - r, x_0 + r[$$

   die **Taylorreihe von f bezüglich x_0.**

Bemerkungen 3.4.1.
Man mag sich wundern, weshalb wir in der Definition 3.4.1 von Taylorreihe und Taylorpolynom begrifflich immer das „wir" verwenden. Dies hat den Grund, dass die Bezeichnungen „Taylorreihe" und „Taylorpolynom" in der Mathematik nicht eindeutig festgelegt sind.

1. *Im Fall $x_0 = 0$ werden das m-te Taylorpolynom und die Taylorreihe auch* **m-tes McLaurin-Polynom** *bzw.* **McLaurin-Reihe**[8] *genannt.*

2. *Unter anderem findet man zudem in mathematischen Werken auch die hier nicht verwendeten Begrifflichkeiten der „Taylorreihe" (ohne die Angabe des Entwicklungspunktes $x_0 = 0$) und der „Taylorreihe am Entwicklungspunkt x_0" ($x_0 \neq 0$).*

Wie man sieht, kann man prinzipiell zu einer beliebig oft differenzierbaren Funktion immer eine Taylorreihe bilden. Für diese Taylorreihe gilt dann (was wir empfehlen, einmal nachzurechnen)

$$T_f^{(m)}(x_0) = f^{(m)}(x_0)$$

Damit stellen sich folgende Fragen

1. Wie groß ist der Fehler (die Differenz zwischen dem Taylorpolynom und der Funktion)?
$$|f(x) - p_m(x)|$$

2. Wo (für welche Werte aus dem Definitionsbereich von f) kann f durch die Taylorreihe dargestellt werden?
$$T_f(x) = f(x)$$

Um uns den Antworten auf die beiden Fragen praktisch zu nähern, berechnen wir an einem Beispiel einmal die Taylorreihe einer uns bekannten unendlich oft differenzierbaren Funktion.

Als Funktion wählen wir den natürlichen Logarithmus, zu dem wir bislang ja noch keine Potenzreihendarstellung besitzen.

---

[8] Colin McLaurin (1698-1746) war ein schottischer Mathematiker und ein Zeitgenosse von Isaac Newton. Er steuerte wesentliche Beiträge zur Geometrie, Algebra und Infinitesimalrechnung bei.

Beispiel 3.4.1. *(Die Taylorreihe des* ln*: Teil 1)*
Es seien $f :]0, \infty[\longrightarrow \mathbb{R}$, $f(x) = \ln(x)$ *und* $x_0 = 1$*. Dann ist* f *auf* $I =]0, \infty[$ *beliebig oft differenzierbar.*

Für die Koeffizienten der Taylorreihe des ln *am Entwicklungspunkt* $x_0 = 1$ *gilt:*

$$\begin{aligned} f^{(0)}(x) &= \ln(x) \Rightarrow f(1) = 0 \\ f^{(1)}(x) &= \frac{1}{x} \Rightarrow f'(1) = 1 \\ f^{(2)}(x) &= \frac{-1}{x^2} \Rightarrow f''(1) = -1 \\ f^{(3)}(x) &= \frac{(-1)(-2)}{x^3} \Rightarrow f^{(3)}(1) = 2 \\ &\vdots \\ f^{(m)}(x) &= \frac{(-1)^{(m-1)}(m-1)!}{x^m} \Rightarrow f^{(m)}(1) = (-1)^{(m-1)}(m-1)! \end{aligned}$$

Damit ergibt sich für die Taylorreihe bzgl. $x_0 = 1$

$$\begin{aligned} T_f(x) &= \sum_{n=0}^{\infty} \frac{f^{(n)}(1)}{n!}(x-1)^n = \sum_{n=1}^{\infty} \frac{(-1)^{(n-1)}(n-1)!}{n!}(x-1)^n \\ &= \sum_{n=1}^{\infty} \frac{(-1)^{(n-1)}}{n}(x-1)^n \end{aligned}$$

Als Konvergenzradius berechnen wir

$$r = \frac{1}{\lim_{n\to\infty} |\frac{a_{n+1}}{a_n}|} = \lim_{n\to\infty} \frac{n}{n+1} = 1$$

Somit konvergiert $T_f(x)$ *auf* $]1-r, 1+r[=]0, 2[$ *und divergiert außerhalb von* $[0, 2]$*. Für die Konvergenz an den Randpunkten gilt*

$$T_f(0) = \sum_{n=1}^{\infty} \frac{(-1)^{(n-1)}}{n}(-1)^n = \sum_{n=1}^{\infty} \frac{(-1)^{(2n-1)}}{n} = -\sum_{n=1}^{\infty} \frac{1}{n} = -\infty$$

wegen der harmonischer Reihe

$$T_f(2) = \sum_{n=1}^{\infty} \frac{(-1)^{(n-1)}}{n}(2-1)^n = \sum_{n=1}^{\infty} \frac{(-1)^{(n-1)}}{n}$$

welche nach dem Leibniz-Kriterium konvergiert.
Gilt nun $T_f(x) = \ln(x)$ *auf* $]0, 2]$*?*

Satz 3.4.2. *(Satz von Taylor)*[9]
Es seien $I \subset \mathbb{R}$ ein Intervall und $f : I \longrightarrow \mathbb{R}$. Dann gilt

1. *Ist f $(n+1)$-mal differenzierbar, dann gibt es für jedes $x \in I$ ein ξ zwischen x und x_0, so dass*

$$\begin{aligned} f(x) &= \sum_{k=0}^{n} \frac{f^{(k)}(x_0)}{n!}(x-x_0)^k + \frac{f^{(n+1)}(\xi)}{(n+1)!}(x-x_0)^{n+1} \\ &= p_n(x) + \frac{f^{(n+1)}(\xi)}{(n+1)!}(x-x_0)^{n+1} \end{aligned}$$

   Der Term

$$R_n(\xi) = \frac{f^{(n+1)}(\xi(x))}{(n+1)!}(x-x_0)^{n+1}$$

   wird dabei **das Taylorsche Restglied** *genannt.*

2. *Ist f beliebig oft differenzierbar und ist die Taylorreihe*

$$T_f(x) = \sum_{n=0}^{\infty} \frac{f^{(n)}(x_0)}{n!}(x-x_0)^n$$

   von f bezüglich x_0 für x konvergent, dann gilt

$$T_f(x) = f(x)$$

   genau dann, wenn für jedes ξ zwischen x und x_0 gilt

$$\lim_{n\to\infty} R_n(\xi) = \frac{f^{(n+1)}(\xi)}{(n+1)!}(x-x_0)^{n+1} = 0$$

Bemerkung 3.4.2.
Mit Satz 3.4.2 führt man die Überprüfung der Beziehung $T_f(x) = f(x)$ auf die Untersuchung des Verhalten des zur Taylorreihe gehörenden Taylorschen Restgliedes $R_n(\xi)$ für $n \to \infty$ zurück.

Eine oft nützliche Abschätzung liefert der folgende Satz.

[9]Brook Taylor (1685-1731), englischer Mathematiker, entwickelte die Reihendarstellung weiter und leitete den bereits von J. Gregory aufgestellten Lehrsatz über die Reihenentwicklung einer Funktion aus Differenzenbetrachtung in seiner „Methodus incrementorum directa et inversa“ ab, woraus sich der Satz von Taylor ergibt.

Satz 3.4.3.
Es sei f wie in Satz 3.4.2 gegeben und beliebig oft differenzierbar. Gibt es eine Funktion $g : I \longrightarrow \mathbb{R}$ mit der Eigenschaft, dass für alle $x \in I$ und $n \in \mathbb{N}_0$

$$|f^{(n)}(x)| \leq g(x),$$

dann wird f durch eine Taylorreihe in I bezüglich einer beliebigen Stelle $x_0 \in I$ dargestellt.

Bemerkung 3.4.3.
Die Bedingung aus Satz 3.4.3 kann zu

$$|f^{(n)}(x)| \leq (g(x))^n$$

abgeschwächt werden.

Kehren wir zurück zum Beispiel 3.4.1 und verwenden den letzten Satz 3.4.3, um zu überprüfen, ob die Taylorreihe des ln diesen auch wirklich darstellt.

Beispiel 3.4.2. *(Die Taylorreihe des* ln*: Teil 2)*
Wir betrachten wieder $f(x) = \ln(x)$ und $x_0 = 1$, für $x \in [1, 2[$, mit der Taylorreihe

$$T_f(x) = \sum_{n=1}^{\infty} \frac{(-1)^{(n-1)}}{n}(x-1)^n \tag{3.35}$$

Dann gilt für das Taylorsche Restglied

$$\left|\frac{f^{(n+1)}(\xi)}{(n+1)!}(x-1)^{n+1}\right| = \frac{1}{\xi^{n+1}}|x-1|^{n+1}\frac{1}{n+1} \leq \frac{1}{n+1} \xrightarrow[n \to \infty]{} 0$$

und ebenso für $x \in]0, 1[$.
Also besitzen wir jetzt eine analytische Darstellung für den natürlichen Logarithmus durch seine Taylorreihe $T_f(x) = \ln(x)$ nach Satz 3.4.2 auf dem Intervall $]0, 2[$.
Da f übrigens bei $x = 2$ stetig ist und $T_f(2)$ konvergent, gilt zudem

$$T_f(2) = \sum_{n=1}^{\infty} \frac{(-1)^{(n-1)}}{n} = \ln(2),$$

was den Grenzwert der alternierenden harmonischen Reihe begründet (siehe [SM01]).

Ganz nebenbei bemerkt, nutzen Taschenrechner (3.35) für die näherungsweise Berechnung von Werten des ln.

Es bleibt die Frage zu beantworten, ob eine Taylorreihe denn immer eine unendlich oft differenzierbare Funktion darstellen kann. Aufschluss gibt hier das folgende Beispiel.

Beispiel 3.4.3.
Wir untersuchen die Funktion $f : \mathbb{R} \longrightarrow \mathbb{R}$ *mit*

$$f(x) = \begin{cases} e^{-\frac{1}{x^2}} & x \neq 0 \\ 0 & x = 0 \end{cases} \tag{3.36}$$

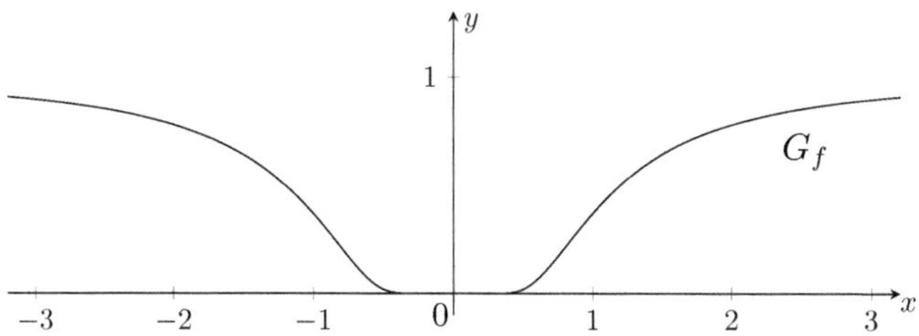

Abbildung 3.15: Der Graph zu $f(x) = e^{-\frac{1}{x^2}}$

Man kann mittels vollständiger Induktion nach $n \in \mathbb{N}$, *zeigen, dass* f *beliebig oft differenzierbar ist und für alle* $n \in \mathbb{N}_0$ $f^{(n)}(0) = 0$ *gilt (siehe Übungen).*

Somit erhält man für die Taylorrreihe am Entwicklungspunkt $x_0 = 0$ *die Nullfunktion*

$$T_f(x) = \sum_{n=0}^{\infty} \frac{f^{(n)}(0)}{n!} x^n = 0$$

weshalb (außer dem trivialen Fall $x = 0$*) immer* $f(x) \neq T_f(x)$ *gilt.*

Es hat sich also gezeigt, dass nicht immer die Taylorreihe einer Funktion auch gegen diese konvergiert.

In den sich nun anschließenden Beispielen behandeln wir weitere Taylorreihen und zwar zu Funktionen, deren jeweilige Potenzreihendarstellung wir im Abschnitt 2.5 über Potenzreihen adhoc eingeführt hatten (sin, cos, exp).

Beispiel 3.4.4.
Die Taylorreihen der Funktionen sin *und* cos *am Entwicklungspunkt* $x_0 = 0$ *ergeben sich mit den Koeffizienten* a_i *für* sin *und* b_i *für* cos $(i \in \mathbb{N}_0)$ *wie folgt:*

$$
\begin{array}{ll}
\sin(0) = 0 & \Rightarrow a_0 = 0 \\
(\sin)'(0) = \cos(0) = 1 & \Rightarrow a_1 = 1 \\
(\sin)''(0) = -\sin(0) = 0 & \Rightarrow a_2 = 0 \\
(\sin)'''(0) = -\cos(0) = 1 & \Rightarrow a_3 = -\frac{1}{3!} \\
\vdots & \vdots \\
\cos(0) = 1 & \Rightarrow b_0 = 1 \\
(\cos)'(0) = -\sin(0) = 0 & \Rightarrow b_1 = 0 \\
(\cos)''(0) = -\cos(0) = 1 & \Rightarrow b_2 = -\frac{1}{2} \\
(\cos)'''(0) = \sin(0) = 0 & \Rightarrow b_3 = 0 \\
\vdots & \vdots
\end{array}
$$

Die Taylorreihe für sin *besteht aus Beiträgen ungerader Potenzen und die für* cos *aus Beiträgen gerader Potenzen, jeweils mit wechselndem Vorzeichen.*

$$
\begin{aligned}
T_{\sin}(x) &= x - \frac{x^3}{3!} + \frac{x^5}{5!} - \ldots = \sum_{k=0}^{\infty} \frac{(-1)^k \cdot x^{(2k+1)}}{(2k+1)!} \\
T_{\cos}(x) &= 1 - \frac{x^2}{2!} + \frac{x^4}{4!} - \ldots = \sum_{k=0}^{\infty} \frac{(-1)^k \cdot x^{(2k)}}{(2k)!} \qquad (3.37)
\end{aligned}
$$

Die Taylorreihen (3.37) sind gerade die Potenzreihen aus Beispielen 2.5.3, welche auf ganz $\mathbb{R}$ *konvergent sind.*
Es bleibt, da wir die Taylorreihen aus den Eigenschaften der Funktionen hergeleitet haben, nur noch zu zeigen, dass beide Taylorreihen auch überall die Funktionen sin *und* cos *darstellen*

$$
\begin{aligned}
|R_{n+1}(\xi)| &= \left| \frac{f^{(n+1)}(\xi)}{(n+1)!} \cdot x^{n+1} \right| = \left| \frac{\pm \left\{ \begin{array}{c} \sin \\ \cos \end{array} \right\} (\xi)}{(n+1)!} \cdot x^{n+1} \right| \\
&\leq \frac{|x|^{n+1}}{(n+1)!} \xrightarrow[n\to\infty]{} 0 \qquad (\forall\, x \in \mathbb{R})
\end{aligned}
$$

und damit gilt $T_{\sin}(x) = \sin(x)$ *und* $T_{\cos}(x) = \cos(x)$.

Eine der Stärken der Taylorreihen einer gegebenen Funktion besteht darin, dass man mit Hilfe der zugehörigen Taylorpolynome die exakten Funktionswerte bis auf einen Fehler abschätzen kann.

Beispiel 3.4.5. *(Fehlerabschätzung)*
Wir betrachten $f(x) = \tan(x)$ *für* $x \in \left[-\frac{1}{2}, \frac{1}{2}\right]$ *und* $x_0 = 0$.

> *Es soll nun der maximale Fehler von* $|f(x) - p_3(x)|$ *auf* $\left[-\frac{1}{2}, \frac{1}{2}\right]$ *bestimmt werden.*

Dazu berechnen wir die Werte der ersten vier Ableitungen von tan *am Entwicklungspunkt*

$$\begin{aligned} f(x) &= \tan(x) \Rightarrow f(0) = 0 \\ f'(x) &= 1 + \tan^2(x) \Rightarrow f'(0) = 1 \\ &\Rightarrow f''(0) = 0 \\ &\Rightarrow f'''(0) = 2 \end{aligned}$$

Also

$$p_3(x) = \sum_{n=0}^{3} \frac{f^{(n)}(0)}{n!} = 0 + x + 0 + \frac{2}{3!}x^3 + 0 = x - \frac{1}{3}x^3$$

f *wie* p_3 *sind punktsymmetrisch. Also genügt es,* $x \in \left[0, \frac{1}{2}\right]$ *zu betrachten. Nach Satz 3.4.2 folgt dann der Fehler aus der Größe des Restgliedes*

$$R_f(x) = f(x) - p_3(x) = \frac{f^{(4)}(\xi)}{4!} \quad \textit{mit } \xi \textit{ zwischen } 0 \textit{ und } x$$

mit

$$f^{(4)}(\xi) = 16\tan(\xi) + 40\tan^3(\xi) + 24\tan^5(\xi)$$

Also

$$R_f(x) = \frac{16\tan(\xi) + 40\tan^3(\xi) + 24\tan^5(\xi)}{24}$$

Wegen $0 < \xi < x \leq \frac{1}{2}$ *hat man* $0 < \tan(\xi) < 0.55$ *und damit*

$$0 \leq R_f(x) \leq \frac{16 \cdot 0.55 + 40 \cdot 0.55^3 + 24 \cdot 0.55^5}{24} \cdot \left(\frac{1}{2}\right)^4 < 0.044$$

Insgesamt berechnet sich für $x \in \left[-\frac{1}{2}, \frac{1}{2}\right]$ *ein maximaler Fehler von*

$$|R_f(x)| = |f(x) - p_3(x)| < 0.044$$

Wir wollen zum Abschluss noch eine Technik angeben, wie man zusammengesetzte Funktionen in einer Taylorreihe bzw. einem Taylorpolynom darstellt.

Zur Vereinfachung der Darstellung führen wir vorab noch eine Kurzschreibweise ein.

Definition 3.4.2. *(Landau-Symbole)*
Sei $p(x)$ ein Potenzreihe der Form

$$p(x) = \sum_{n=0}^{\infty} a_n(x-x_0)^n = \sum_{n=0}^{m} a_n(x-x_0)^n + \mathcal{O}\left((x-x_0)^{m+1}\right) \quad (3.38)$$

Dann fasst das **Landau-Symbol** $\mathcal{O}\left((x-x_0)^{m+1}\right)$ *in (3.38) alle Glieder der Reihe mit Potenzen höher als m zusammen.*
Notiert man hingegen

$$p(x) = \sum_{n=0}^{m} a_n(x-x_0)^n + o\left((x-x_0)^m\right) = p_m(x) + o\left((x-x_0)^m\right) \quad (3.39)$$

so besagt das **Landau-Symbol** $o\left((x-x_0)^m\right)$ *in (3.39), dass im Kontext die Beiträge ab einer Ordnung höher als m gegenüber $p_m(x)$ vernachlässigbar sind.*

Für die Taylorreihendarstellung der Komposition zweier Funktionen betrachten wir zwei beliebig oft differenzierbaren Funktionen

$$f, g : \mathbb{R} \longrightarrow \mathbb{R}$$

und aus diesen die Verkettung $(f \circ g)(x) = f(g(x))$. Wir entwickeln einfachheitshalber nach $x_0 = 0$ und erhalten als Methode die folgenden Schritte:

1. Zuerst werden die Funktionen f und g separat in ein Taylorpolynom bis zum Grad n entwickelt, wobei man beachtet, dass $g(0) = 0$ gilt oder allgemein, dass $g(x_0) = \tilde{x}_0$, wenn $\tilde{x}_0$ der Entwicklungspunkt von f ist.

2. Dann substituiert man in der „äußeren" Funktionen f die Variable durch den entsprechenden Ausdruck für die innere Funktion g.

3. Nach dem Ausmultiplizieren werden die Glieder höheren Grades als n, ($o(x^n)$), weggelassen.

Hierzu ein Beispiel:

Beispiel 3.4.6. *(Taylorpolynom verketteter Funktionen)*
Gesucht sei T_3, das Taylorpolynom dritten Grades, am Entwicklungspunkt $x_0 = 0$ für die Funktion

$$F(x) = e^{\sin(x)}$$

Dazu entwickeln wir die äußere und die innere Funktion bis zu Beiträgen dritten Grades in ihre jeweiligen Taylorpolynome

$$f(t) = e^t = 1+t+\frac{1}{2}t^2+\frac{1}{6}t^3+o(t^3) \quad \textit{und} \quad g(x) = \sin(x) = x-\frac{1}{6}x^3+o\left(x^3\right)$$

Nun wird eingesetzt

$$\begin{aligned} F(x) &= e^{\sin(x)} = 1 + \left(x - \frac{1}{6}x^3 + o\left(x^3\right)\right) \\ &\quad +\frac{1}{2}\left(x - \frac{1}{6}x^3 + o\left(x^3\right)\right)^2 + \frac{1}{6}\left(x - \frac{1}{6}x^3 + o\left(x^3\right)\right)^3 + o\left(x^3\right) \\ &= 1 + x - \frac{1}{6}x^3 + \frac{1}{2}x^2 + \frac{1}{6}x^3 + o\left(x^3\right) \\ &= 1 + x + \frac{1}{2}x^2 + o\left(x^3\right) \end{aligned}$$

Hier erkennen wir, wie Eigenschaft des Sinus am Entwicklungspunkt, nämlich $\sin(0) = 0$, nützlich wird, denn sonst hätten wir die Reihendarstellung der Exponentialfunktion um $x_0 = 0$ bei der Substitution nicht verwenden können.

3.4.1 Kurzaufgaben zum Verständnis

1. Ist $f : \mathbb{R} \longrightarrow \mathbb{R}$ ein Polynom k-ten Grades, so stimmt das k-te Taylorpolynom mit f überein.

   □ wahr □ falsch

2. Ist $f : \mathbb{R} \longrightarrow \mathbb{R}$ beliebig oft differenzierbar, so stellt die Taylorreihe entwickelt um $x_0 \in \mathbb{R}$ die Funktion dar.

   □ wahr □ falsch

3. Ist $f : \mathbb{R} \longrightarrow \mathbb{R}$ ein Polynom k-ten Grades, so stellt die Taylorreihe die Funktion f dar.

   □ wahr □ falsch □ nur wenn f konstant ist

4. Ist $f : \mathbb{R} \longrightarrow \mathbb{R}$ eine Potenzreihe mit Konvergenzradius $r > 0$ um $x_0 \in \mathbb{R}$, so stellt auf $]x_0 - r, x_0 + r[$ die Taylorreihe die Funktion dar.

   □ wahr □ falsch □ nur wenn f konstant ist

5. Ist $f : \mathbb{R} \longrightarrow \mathbb{R}$ ein Polynom k-ten Grades, so gilt $T_n = f$ für alle $n \geq k$.

   □ wahr □ falsch

6. Sind $f, g : \mathbb{R} \longrightarrow \mathbb{R}$ beliebig oft differenzierbar und stimmen auf einem gemeinsamen Konvergenzintervall $I =]x_0 - r, x_0 + r[$ die Taylorreihen überein, so gilt $f = g$ auf I.

   □ wahr □ falsch

3.4.2 Übungen

Lösungsvideos zu den Übungen können auf www.lsgn24h.de über die Eingabe des Lösungscodes abgerufen werden.

Kl A:

1. Bestimmen Sie die Mac-Laurin-Reihen zu folgenden Funktionen:

   (a)
   $$h_0(x) = \exp(x)$$
   (Lösungscode: SB04TR0A001)

   (b)
   $$h_1(x) = \sinh(x)$$
   (Lösungscode: SB04TR0A002)

   (c)
   $$h_2(x) = \ln\left((x+1)^2\right)$$
   (Lösungscode: SB04TR0A003)

   (d)
   $$h_3(x) = \sin^2(x)$$
   (Lösungscode: SB04TR0A004)

2. Man gebe den Konvergenzradius an von
   $$\sum_{n=2}^{\infty} \frac{1}{\ln(n)} x^n$$
   (Lösungscode: SB04TR0A005)

3. Weisen Sie nach, dass aus den Taylorentwicklungen für sin und cos die Kleinwinkelnäherungen
   $$\sin(x) \approx x\ , \ \cos(x) \approx 1 \ \text{ und } \ \tan(x) \approx x$$
   folgen.

   (Lösungscode: SB04TR0A006)

Kl B:

1. Zeigen Sie anhand der Taylorreihenentwicklungen für sin und cos die Gültigkeit der Ableitungsregeln:

$$f(x) = \sin(x)\ ,\ f'(x) = \cos(x)\ ,$$
$$f''(x) = -\sin(x)\ ,\ f'''(x) = -\cos(x)$$

(Lösungscode: SB04TR0B001)

2. Bestimmen Sie das 4. Taylorpolymon der Funktion $f(x) = |x-3|^3$ bei $x_0 = 3$.

(Lösungscode: SB04TR0B002)

3. Bestimmen Sie die Taylorreihe der Funktion $f(x) = \cos(\sqrt{x})$.

(Lösungscode: SB04TR0B003)

4. Man bestimme für $f(x) = \tan(x)$ das Polynom so, dass es für $-1 \leq x \leq 1$ die Funktion bis auf 4 Stellen hinter dem Komma genau approximiert.

(Lösungscode: SB04TR0B004)

5. Man bestimme für $x = 2$ die natürliche Zahl n, so dass die Summe

$$\sum_{k=0}^{n} \frac{x^k}{k!}$$

die Reihe

$$\sum_{k=0}^{\infty} \frac{x^k}{k!}$$

bis auf 4 Stellen hinter dem Komma genau approximiert.

(Lösungscode: SB04TR0B005)

6. Es sei $f :]-\frac{\pi}{2}, \frac{\pi}{2}[\longrightarrow \mathbb{R}$ mit $f(x) = \ln(\cos(x))$. Bestimmen Sie T_2 um $x_0 = 0$ und zeigen Sie für $|x| < \frac{\pi}{2}$:

$$|f(x) - T_2(x)| \leq \frac{2}{3}x^3$$

(Lösungscode: SB04TR0B006)

7. Gegeben sei $f : \mathbb{R} \longrightarrow \mathbb{R}$ mit $f(x) = x + e^x$.

   (a) Zeigen Sie: f besitzt auf $\mathbb{R}$ eine zweimal stetig differenzierbare Umkehrfunktion $F = f^{-1} : \mathbb{R} \longrightarrow \mathbb{R}$

   (Lösungscode: SB04TR0B007)

   (b) Bestimmen Sie $T_{2,F}(y)$ mit Entwicklungspunkt $y_0 = 1$.

   (Lösungscode: SB04TR0B008)

   (c) Schätzen Sie das Restglied $R_1(y) = F(y) - T_{1,F}(y)$ im Bereich $1 < y < \frac{11}{10}$ ab.

   (Lösungscode: SB04TR0B009)

8. Zeigen Sie:

$$x - \frac{x^2}{2} + \frac{x^3}{3} - \frac{x^4}{4} + \frac{x^5}{5} - \frac{x^6}{6} < \ln(1+x)$$

   und

$$\ln(1+x) < x - \frac{x^2}{2} + \frac{x^3}{3} - \frac{x^4}{4} + \frac{x^5}{5} - \frac{x^6}{6} + \frac{x^7}{7}$$

   für $x \in]0,1[$.

   (Lösungscode: SB04TR0B010)

Kl C:

1. Es sei $f(x) = \sum_{k=0}^{\infty} e^{-k} \cos(k^2 x)$, $x \in \mathbb{R}$. Zeigen Sie, dass die MacLaurin-Reihe nirgends konvergiert (außer für $x = 0$).

   (Lösungscode: SB04TR0C001)

2. Gegeben sei die Funktion $f(x) = \arctan(x)$.

   (a) Zeigen Sie mittels vollständiger Induktion:
   Setzt man $y = \arctan(x)$ so gilt für $n \in \mathbb{N}$ und $x \in \mathbb{R}$:

$$f^{(n)}(x) = (n-1)! \cdot \sin\left(n\left(y + \frac{\pi}{2}\right)\right) \cdot \cos^n(y) \quad \text{Euler(1755)}$$

   (Lösungscode: SB04TR0C002)

   (b) Bestimmen Sie die MacLaurin-Reihe von f und zeigen Sie, dass sie für $|x| \leq 1$ gegen f konvergiert.

   (Lösungscode: SB04TR0C003)

3. Auf $\mathbb{R} \setminus \{0\}$ sei
$$f(x) = \frac{(x^2+1)\cdot\sin(x)}{x}$$
gegeben.

   (a) Zeigen Sie, $f(x)$ ist auf $\mathbb{R}$ stetig fortsetzbar.

   (Lösungscode: SB04TR0C004)

   (b) Geben Sie eine Potenzreihenentwicklung für f in $x_0 = 0$ an.

   (Lösungscode: SB04TR0C005)

   (c) Welches Konvergenzintervall besitzt die Potenzreihenentwicklung?

   (Lösungscode: SB04TR0C006)

   (d) Wie drückt sich die Symmetrie von f in der Potenzreihenentwicklung aus?

   (Lösungscode: SB04TR0C007)

4. Zeigen Sie, dass für $x \neq 2k\pi,\ k \in \mathbb{Z}$ gilt
$$\sum_{k=1}^{n} \cos(kx) = \frac{\sin(\frac{nx}{2})\cos\left(\frac{(n+1)x}{2}\right)}{\sin(\frac{x}{2})}$$
und
$$\sum_{k=1}^{n} \sin(kx) = \frac{\sin(\frac{nx}{2})\sin\left(\frac{(n+1)x}{2}\right)}{\sin(\frac{x}{2})}$$
(Hinweis: Man verwende $e^{ix} = \frac{e^{i\frac{x}{2}}}{e^{-i\frac{x}{2}}}$.)

   (Lösungscode: SB04TR0C008)

Kl D:

1. Weisen Sie die Aussage des Beispiels 3.4.3 nach, dass die Funktion $f(x) = e^{-\frac{1}{x^2}}$ für $x \neq 0$ und $f(0) = 0$, in $x_0 = 0$ beliebig oft differenzierbar ist, indem Sie mithilfe der vollständigen Induktion nach $n \in \mathbb{N}$ zeigen:
   Es gibt Polynome q_n mit
$$f^{(n)}(x) = q_n\left(\frac{1}{x}\right)e^{-\frac{1}{x^2}} \text{ für } x \neq 0 \text{ und } f^{(n)}(0) = 0$$

   (Lösungscode: SB04TR0D001)

2. Zu gegebenem $k \in \mathbb{R}$ ist ein Intervall I und eine zweimal stetig differenzierbare Funktion $y = f :\longrightarrow \mathbb{R}$ gesucht, die die Gleichung

$$\frac{d^2y}{dt^2} = -k^2 y \tag{3.40}$$

erfüllt. f wird dann Lösung von (3.40) genannt. Zeigen Sie:

   (a) Zu $C_1, C_2 \in \mathbb{R}$ erfüllt $y(t) = f(t) = C_1 \cos(kt) + C_2 \sin(kt)$ die Gleichung (3.40).

   (Lösungscode: SB04TR0D002)

   (b) Sei $k = 1$. Ist $y = f : I \longrightarrow \mathbb{R}$ Lösung zu (3.40), so gilt für alle $j \in \mathbb{N}$:

   $$f^{(2j)} = (-1)^j f \text{ und } f^{(2j+1)} = (-1)^j f'$$

   Insbesondere begründen Sie, dass f beliebig oft stetig differenzierbar ist.

   (Lösungscode: SB04TR0D003)

   (c) Setzen Sie $C_1 = f(0)$ und $C_2 = f'(0)$ und zeigen Sie, dass die MacLaurin-Reihe von f überall gegen f konvergiert.

   (Lösungscode: SB04TR0D004)

   (d) Formen Sie die Reihe so um, dass f die Gestalt in (a) hat.

   (Lösungscode: SB04TR0D005)

3. Bearbeiten Sie Aufgabe 2.(b) erneut, mit $k \in \mathbb{R}$ beliebig.

   (Lösungscode: SB04TR0D006)

3.5 Numerische Lösungsverfahren von Gleichungen

In der Anwendung ist es oft notwendig, die irrationale Lösung einer Gleichung zu bestimmen. So kann man z. B. davon ausgehen, dass Statikberechnungen, die ein Ingenieur oder eine Ingenieurin ausführen, nur in den seltensten Fällen ganzzahlige Kräfteverteilungen hervorbringen werden.

Es stellt sich folglich die Frage, wie man irrationale Lösungen berechnen kann, die sich nicht unbedingt durch eine Symbolschreibweise irrationaler Zahlen als Kombination von unter anderem $\sqrt{2}$, π etc. ausdrücken lassen.

So besitzt z. B. die Gleichung $x^3 - x^2 = 2$ garantiert eine reelle Lösung, da die gesuchte Lösung die Nullstelle eines Polynoms dritten Grades ist,

$$x^3 - x^2 = 2 \Leftrightarrow x^3 - x^2 - 2 = 0\,,$$

welches nach Satz 2.4.2 mindestens eine reelle Nullstelle besitzen muss. Allgemein kann man damit das Lösen von Gleichungen mit einer Variablen immer auf das Bestimmen von Nullstellen einer Funktion zurückführen.

Im Folgenden werden wir uns mit zwei Verfahren zur näherungsweisen Berechnung von Nullstellen einer stetigen und differenzierbaren Funktion befassen.
Dabei hat es sich bewährt, erst einmal die gesuchte Nullstelle, soweit möglich, einzugrenzen. Eine Methode zur Eingrenzung einer Nullstelle ist die sogenannte „Regel des Falschen“ oder auf Lateinisch „Regula Falsi“.

3.5.1 Regula Falsi

Als Voraussetzung für dieses Verfahren sei $f : [a, b] \longrightarrow \mathbb{R}$ eine auf $]a, b[$ **stetige Funktion**, für die ein Intervall $[c, d] \subset [a, b]$ existiert, mit $f(c) < 0$ und $f(d) > 0$. Dann besitzt f nach dem Zwischenwertsatz (Satz 3.1.9) mindestens eine (unbekannte) Nullstelle $x^* \in]c, d[$, mit $f(x^*) = 0$.

Die „Regula Falsi“ beruht nun darauf, dass man durch die beiden Punkte $(c, f(c))$ und $(d, f(d))$ eine Sekante, $s(x)$, an den Graph der Funktion legt. Da nun aber $(c, f(c))$ unterhalb und $(d, f(d))$ oberhalb der Abszisse liegt, besitzt die Sekante eine eindeutige Nullstelle, die selber die gesuchte Nullstelle x^* approximiert und anschließend Ausgangspunkt für weitere Näherungsschritte ist.

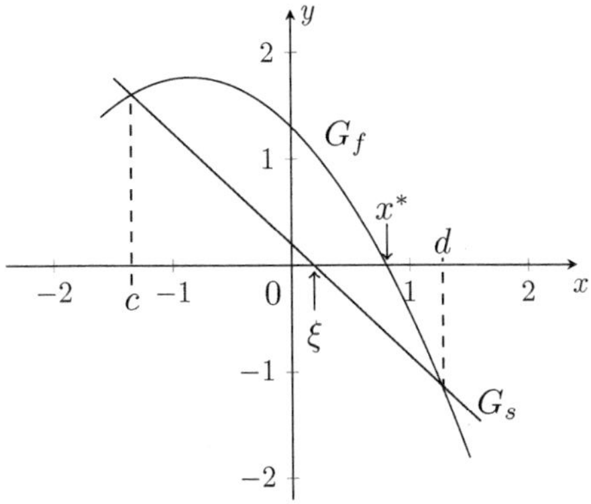

Abbildung 3.16: Sekante der Regula Falsi

Die Gleichung der Sekante s durch die zwei Punkte $(c, f(c))$ und $(d, f(d))$ ist gegeben durch

$$s(x) = \frac{f(d) - f(c)}{d - c} \cdot (x - c) + f(c) \tag{3.41}$$

Für die Nullstelle ξ der Sekante, $s(\xi) = 0$, folgt nun aus (3.41)

$$\xi = c - f(c) \cdot \frac{d - c}{f(d) - f(c)} \tag{3.42}$$

Damit ist der erste Näherungsschritt abgeschlossen und die bestimmte Nullstelle ξ der Sekante[10] s durch die beiden Punkte $(c, f(c))$ und $(d, f(d))$ ist der erste Näherungswert der gesuchten Nullstelle x^* der gegebenen Funktion f.

[10]Man beachte, dass in (3.42) der Nenner des Bruches wegen $f(c) < f(d)$ nie null werden kann.

Im sich anschließenden zweiten Näherungsschritt betrachtet man den Funktionswert am Punkt ξ bezüglich seines Vorzeichen und wiederholt das Verfahren.

- Gilt $f(\xi) > 0$, so bestimmt man als nächsten Näherungswert für x^* die Nullstelle einer Sekante s_1 durch die Punkte $(\xi, f(\xi))$ und $(c, f(c))$.
- Gilt $f(\xi) < 0$, bestimmt man als nächsten Näherungswert für x^* die Nullstelle einer Sekante s_1 durch die Punkte $(\xi, f(\xi))$ und $(d, f(d))$.

Aus dem zweiten Näherungsschritt ergibt sich dann eine neue Nullstelle der Sekante s_1, die man z. B. mit ξ_1 bezeichnen kann. Man wertet nun erneut das Vorzeichen von $f(\xi_1)$ aus und berechnet erneut eine Sekante durch den Punkt $(\xi_1, f(\xi_1))$ und dem die Sekante s_1 bestimmenden Punkt, dessen y-Koordinate das entsprechend andere Vorzeichen aufweist usw.

Auf diese Weise nähert man sich mit jedem Näherungsschritt dem Wert der gesuchten Nullstelle x^* an.

Beispiel 3.5.1.
Es soll mit Hilfe der Regula Falsi in vier Näherungsschritten eine reelle Nullstelle der Funktion

$$f(x) = x^3 - x^2 - 2$$

bestimmt werden.

Als Polynomfunktion ungeraden Grades ist f auf $\mathbb{R}$ stetig und besitzt mindestens eine Nullstelle.

Zur Vorbereitung grenzt man ein Intervall ein, in welchem man eine Nullstelle x^* von f vermutet, z. B.

$$f(1) = -2 < 0 \;,\; f(2) = 2 > 0$$

$$\Rightarrow \; x^* \in [1, 2]$$

Es folgen die vier Näherungsschritte:

1. Schritt: $x^* \in [1,2]$

$$\xi = 1 - (-2) \cdot \frac{2-1}{2-(-2)} = \frac{3}{2} = 1.5$$

$$\Rightarrow f\left(\frac{3}{2}\right) = -\frac{7}{8} = -0.875 < 0 \Rightarrow x^* \in \left[\frac{3}{2}, 2\right]$$

2. Schritt: $x^* \in \left[\frac{3}{2}, 2\right]$

$$\xi_1 = \frac{3}{2} - \left(-\frac{7}{8}\right) \cdot \frac{2-\frac{3}{2}}{2-\left(-\frac{7}{8}\right)} = \frac{38}{23} \approx 1.652...$$

$$\Rightarrow f\left(\frac{38}{23}\right) \approx -0.21977... < 0 \Rightarrow x^* \in \left[\frac{38}{23}, 2\right]$$

3. Schritt: $x^* \in \left[\frac{38}{23}, 2\right]$

$$\xi_2 = \frac{38}{23} - (-0.21977...) \cdot \frac{2-\frac{38}{23}}{2-(-0.21977...)} \approx 1.6866...$$

$$\Rightarrow f(1.6866...) \approx -0.0468... < 0 \Rightarrow x^* \in [1.6866..., 2]$$

4. Schritt: $x^* \in [1.6866..., 2]$

$$\xi_3 = 1.6866... - (-0.0468...) \cdot \frac{2-1.6866...}{2-(-0.0468...)} \approx 1.69378...$$

$$\Rightarrow f(1.69378...) \approx -0.0096 < 0 \Rightarrow x^* \in [1.69378..., 2]$$

In den vier Näherungsschritten ergab sich näherungsweise der Wert der gesuchten Nullstelle zu

$$\xi_3 \approx 1.69378...$$

welcher schon bis zur zweiten Nachkommastelle mit dem realen Wert der gesuchten Nullstelle

$$x^* \approx 1.69562...$$

übereinstimmt.

3.5.2 Newton-Verfahren

Ziel des Newton-Verfahrens[11] ist, ganz wie bei der Regula Falsi, die Bestimmung von Nullstellen einer Funktion $f : [a, b] \longrightarrow \mathbb{R}$, die **stetig aber zusätzlich noch differenzierbar** auf $]a, b[$ ist. Wir nehmen an, dass f eine (unbekannte) Nullstelle $x^* \in]a, b[$ besitzt. Die Existenz der Nullstelle kann durch den Zwischenwertsatz gegeben sein.
Für die Bestimmung verwenden wir die Approximation von f durch das 1.Taylorpolynom

$$f(x) \approx f(x_0) + f'(x_0)(x - x_0) \tag{3.43}$$

mit festem $x_0 \in]a, b[$. Dabei ist x_0 eine gewählte Näherung der Nullstelle x^*. Es muss dabei natürlich $f'(x_0) \neq 0$ gelten.

Im ersten Näherungsschritt setzt man in (3.43) für ein Argument x_1 $f(x_1) = 0$ und und löst nach eben jenem Argument auf.

$$x_1 = x_0 - \frac{f(x_0)}{f'(x_0)} \tag{3.44}$$

Ist $f(x_1) \neq 0$, so ersetzt man im zweiten Näherungsschritt in (3.44) x_0 durch x_1 und berechnet x_2.

$$x_2 = x_1 - \frac{f(x_1)}{f'(x_1)} \tag{3.45}$$

(mit $f'(x_1) \neq 0$) und auf gleiche Weise lassen sich jetzt weitere Iterationsschritte anschließen, was auf eine allgemeine Iterationsformel führt.

[11]Sir Isaac Newton (1642-1727) gilt als einer der größten Naturwissenschaftler, der für die jeweilige Wissenschaft bahnbrechende Erkenntnisse brachte. Er arbeitete auf den Gebieten der Dynamik, Optik, Chemie, Physik, Himmelsmechanik und Mathematik. In der Mathematik ist er vor allem durch die Approximationsverfahren (u. a. die hier vorgestellte Newton-Iteration) und natürlich durch die Begründung der Infinitesimalrechnung bekannt, die man damals als Fluxionsrechnung bezeichnete. Für heutige Wissenschaftler von dieser Größe undenkbar, beschäftigte er sich zudem intensiv mit Theologie, Astrologie und Alchemie (Stein der Weisen). Ab 1699 war er Aufseher der königlichen Münze (aufgrund von Newtons Entscheidungen wurden auch Personen hingerichtet), was ihm gestattete seinen Lehrstuhl an der University of Cambridge aufzugeben, einen Lehrstuhl, der seinen Namen trägt und heute noch besetzt ist. Einer der letzten, die diesen Lehrstuhl innehatten, war Stephan Hawking. Sir Isaac Newton war wohl einer der wenigen Mathematiker, die ein Staatsbegräbnis erhalten haben.

Definition 3.5.1. *(Newton-Iterationsformel)*
Die allgemeine Formel für die **Newton-Iterationen** *lautet*

$$x_{n+1} = x_n - \frac{f(x_n)}{f'(x_n)} \quad n = 0, 1, 2, \ldots \tag{3.46}$$

Geometrisch bedeutet die Iteration des Newton-Verfahrens das Folgende:

Man zeichne im Punkt $(x_0, f(x_0))$ die Tangente an die Kurve von f und erhält den nächsten Näherungswert, x_1, als Schnittpunkt der Tangente mit der x-Achse.
Es folgt anschließend das Zeichnen der Tangente an die Kurve im Punkt $(x_1, f(x_1))$ und benennt den Schnittpunkt dieser Tangente mit der x-Achse als x_2.
Allgemein zeichne man im Punkt $(x_n, f(x_n))$ die Tangente an die Kurve von f und erhält den nächsten Näherungswert, x_{n+1}, als Schnittpunkt der Tangente mit der x-Achse.

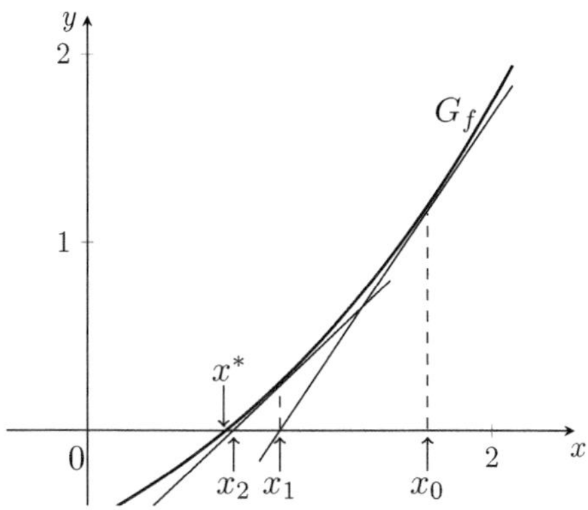

Abbildung 3.17: Iterationsschritte im Newton-Verfahren

Damit haben wir im Newton-Verfahren das zweite Näherungsverfahren zur Bestimmung von Nullstellen einer gegebenen Funktion vorgestellt und wenden uns nun den folgenden Fragen zu.

1. Unter welchen Voraussetzungen kann das Newton-Verfahren konvergent sein?

2. Wie schnell konvergiert das Newton-Verfahren bzw. von welcher „Güte“ ist es?

Die Voraussetzungen für die Konvergenz des Newton-Verfahrens und dessen Güte regelt der folgende Satz (hier ohne Beweis)[12].

Satz 3.5.1. *(Konvergenz und Güte des Newton-Verfahrens)*
Es sei $f : [a,b] \longrightarrow \mathbb{R}$ stetig und zweimal differenzierbar auf $]a,b[$ mit $f'(x) \neq 0$ für alle $x \in]a,b[$.
Es seien weiterhin $x^* \in]a,b[$ eine Nullstelle von f und $C > 0$ mit

$$I := \left] x^* - \frac{1}{C}, x^* + \frac{1}{C} \right[\subset [a,b] \text{ und } \frac{|f''(\overline{x})|}{|f'(\overline{x})|} \leq C \tag{3.47}$$

für alle $x \in]a,b[$ und alle $\overline{x}$ zwischen x und x^*.
Dann konvergiert die Folge der Newton-Iterationen

$$x_{n+1} = x_n - \frac{f(x_n)}{f'(x_n)} \quad n = 0, 1, 2, \ldots \tag{3.48}$$

für einen Startwert $x_0 \in I$ gegen x^* und es gilt die Abschätzung

$$|x_{n+1} - x^*| \leq C(x_n - x^*)^2 \quad n = 0, 1, 2, \ldots \tag{3.49}$$

Bemerkung 3.5.1.
Ist $C = 1$, so verbessert sich die Annäherung der Approximationen quadratisch, die Genauigkeit hinter dem Komma verdoppelt sich bei jedem Iterationsschritt.

Beispiel 3.5.2.
Wie im Beispiel 3.5.1 soll dieses Mal mit Hilfe des Newton-Verfahrens in vier Näherungsschritten eine reelle Nullstelle der Funktion

$$f(x) = x^3 - x^2 - 2$$

bestimmt werden.

Als Polynomfunktion ungeraden Grades ist f auf $\mathbb{R}$ stetig, zweimal differenzierbar und besitzt mindestens eine Nullstelle.

Als Intervall, in welchem man eine Nullstelle x^* von f vermutet, verwenden wir das Intervall aus Beispiel 3.5.1

$$x^* \in [1, 2]$$

[12] Für Interessierte empfehlen wir u. a. [Baer] oder auch [DRN].

Damit folgt aus den Ableitungen der Funktion f, $f'(x) = 3x^2 - 2x$ *und* $f''(x) = 6x - 2$, *dass z. B. mit* $C = 1$ *für alle* $x \in [1, 2]$ *gilt*[13]

$$|3x^2 - 2x| \leq C \cdot |6x - 2|$$

Somit ist das Newton-Verfahren für f *auf* $[1, 2]$ *konvergent und wir wählen als Startwert der Näherungsschritte* $x_0 = 2$ *mit der Iterationsformel*

$$x_{n+1} = x_n - \frac{x_n^3 - x_n^2 - 2}{3x_n^2 - 2x_n}$$

Es folgen die vier Näherungsschritte:

1. Schritt: $x_0 = 2$

$$\Rightarrow \quad x_1 = 2 - \frac{2^3 - 2^2 - 2}{3 \cdot 2^2 - 2 \cdot 2} = \frac{7}{4} = 1,75$$

2. Schritt: $x_1 = \frac{7}{4}$

$$\Rightarrow \quad x_2 = \frac{7}{4} - \frac{\left(\frac{7}{4}\right)^3 - \left(\frac{7}{4}\right)^2 - 2}{3 \cdot \left(\frac{7}{4}\right)^2 - 2 \cdot \left(\frac{7}{4}\right)} = \frac{309}{182} \approx 1.697802\ldots$$

3. Schritt: $x_2 = \frac{309}{182}$

$$\Rightarrow \quad x_3 = \frac{309}{182} - \frac{\left(\frac{309}{182}\right)^3 - \left(\frac{309}{182}\right)^2 - 2}{3 \cdot \left(\frac{309}{182}\right)^2 - 2 \cdot \left(\frac{309}{182}\right)} \approx 1.6956244\ldots$$

4. Schritt: $x_3 \approx 1.6956244\ldots$

$$\begin{aligned} \Rightarrow \quad x_4 &\approx 1.6956244\ldots - \frac{(1.6956244\ldots)^3 - (1.6956244\ldots)^2 - 2}{3 \cdot (1.6956244\ldots)^2 - 2 \cdot (1.6956244\ldots)} \\ &\approx 1.69562077\ldots \end{aligned}$$

Der letzte Iterationswert x_4 *stimmt bereits in den ersten acht Nachkommastellen mit dem genauen Wert der Nullstelle (siehe Beispiel 3.5.1) überein.*

[13]Diese Beziehung sieht man dadurch, dass f' und f'' auf $[1, 2]$ s.m.w. sind und der Differenzterm $f'(x) - f''(x)$ keine reelle Nullstelle besitzt.

Das Newton-Verfahren ist in der vorliegenden Form sicher praktisch, lässt sich aber noch vereinfachen, wenn die Funktion, auf welche es angewandt wird zudem *konvex* ist.

Konvexe und konkave Funktionen

Definition 3.5.2. *(konvex, konkav)*
Eine Funktion $f : [a, b] \longrightarrow \mathbb{R}$ *heißt* **(strikt) konvex**, *wenn für alle* $x_1, x_2 \in [a, b]$ *und* $0 < \lambda < 1$ *gilt*

$$f(\lambda x_1 + (1-\lambda)x_2) \overset{(<)}{\leq} \lambda f(x_1) + (1-\lambda)f(x_2) \tag{3.50}$$

Gilt in (3.50) "$\geq, (>)$*" statt "*$\leq, (<)$*", so heißt die Funktion* **(strikt) konkav**.

Bemerkungen 3.5.2.

- *„konvex" und „konkav" reihen sich in die Liste der möglichen Eigenschaften von Funktionen ein, so wie z. B. „Stetigkeit", „Differenzierbarkeit" etc..*
- *Geometrisch bedeutet „konvex" („konkav") bei einer Funktion, dass die Verbindungsstrecke zweier Punkte auf dem Graphen von* f *im Koordinatensystem immer oberhalb (unterhalb) des Graphen liegt.*

Beispiel 3.5.3.
Die Funktionen $f(x) = |x|$, $f(x) = x^2$ *und* $f(x) = e^x$ *sind konvex,* x^3 *ist es nicht.*

Um zu bestimmen, ob eine Funktion auf einem Intervall konvex ist, kann man zwar die Definitionsgleichung (3.50) bemühen, aber leichter geht es bei differenzierbaren Funktionen mit deren Ableitungen.

Satz 3.5.2.
Ist $f : [a, b] \longrightarrow \mathbb{R}$ *stetig und auf* $]a, b[$ *differenzierbar, dann ist* f *genau dann (strikt) konvex, wenn die Ableitung* f' *(streng) monoton wachsend ist.*

Korollar 3.5.1.
Ist $f : [a, b] \longrightarrow \mathbb{R}$ *stetig und auf* $]a, b[$ *zweimal differenzierbar, so ist* f *genau dann konvex (konkav), wenn* $f''(x) \geq 0$ $(f''(x) \leq 0)$ *für alle* $x \in]a, b[$.

Definition 3.5.3. *(Wendepunkt)*
Für eine zweimal in $x_0 \in [a,b]$ differenzierbare Funktion $f : [a,b] \longrightarrow \mathbb{R}$ nennen wir x_0 einen **Wendepunkt**, *wenn f in x_0 von konvex auf konkav wechselt (oder umgekehrt).*

Aus der Definition 3.5.3 ergibt sich unmittelbar der folgende Satz zu Wendepunkten:

Satz 3.5.3.
Sei $f : [a,b] \longrightarrow \mathbb{R}$ stetig auf $]a,b[$ differenzierbar und sei $x_0 \in]a,b[$.

1. *Ist x_0 ein Wendepunkt und ist f' in x_0 differenzierbar, so gilt $f''(x_0) = 0$.*

2. *Ist f zweimal differenzierbar, gilt $f''(x_0) = 0$ und ist f'' differenzierbar bei x_0 mit $f'''(x_0) \neq 0$, so ist x_0 ein Wendepunkt von f.*

Das Newton-Verfahren für konvexe Funktionen

Für konvexe Funktionen ändert sich das Newton-Verfahren insofern, als dass sich aus den Iterationsschritten eine monoton fallende konvergente Folge ergibt, deren Grenzwert gleich der gesuchten Nullstelle ist.

Satz 3.5.4.
Seien $f : [a,b] \longrightarrow \mathbb{R}$ stetig differenzierbar auf $]a,b[$ und $x^* \in]a,b[$ eine Nullstelle von f. Es gelte $f'(x) > 0$ für alle $x \in]x^*, b[$ und f' sei monoton wachsend auf $]x^*, b[$, d. h. f ist konvex auf $]x^*, b[$.
Sei $x_0 \in]x^*, b[$ ein Startwert. Dann konvergiert die Folge der Newton-Iterationen

$$x_{n+1} = x_n - \frac{f(x_n)}{f'(x_n)} \quad n = 0, 1, 2, \ldots \tag{3.51}$$

gegen x^* mit $x^* \leq \ldots \leq x_{n+1} \leq x_n$ für $n = 0, 1, 2, \ldots$.

Beispiel 3.5.4.
Wir suchen für Werte $a > 0$ und $c \in \mathbb{R}$ eine Lösung der Gleichung

$$x^a - a^x = c$$

und definieren dafür die Funktion $f(x) = x^a - a^x - c$, auf welche wir das Newton-Verfahren anwenden, um eine Nullstelle von f und damit eine Lösung der Gleichung zu ermitteln.

Die Ableitung $f'(x) = a \cdot x^{a-1} - a^x \cdot \ln(a)$ *führt auf den Term der Newton-Iteration*

$$x_{n+1} = x_n - \frac{x_n^a - a^{x_n} - c}{a \cdot x_n^{a-1} - a^{x_n} \cdot \ln(a)}$$

Um auf f *das Newton-Verfahren anwenden zu können, betrachten wir den Spezialfall* $a = 2, c = 1$, *und damit*

$$f(x) = x^2 - 2^x - 1$$

Auf der Suche nach Nullstellen probieren wir:

$x = 3$ *liefert eine erste Nullstelle* $f(3) = 3^2 - 2^3 - 1 = 9 - 8 - 1 = 0$. *Es gibt aber noch eine weitere Nullstelle, denn* 2^x *„wächst stärker“ als* x^2.

Für die Ableitung erhalten wir:

$$f'(x) = 2x - 2^x \cdot \ln(2) \Rightarrow f'(3) = 6 - 8 \cdot \ln(2) > 6 - 5{,}6 > 0$$

Es wird also wieder ein $\tilde{x} > 3$ *geben mit* $f'(\tilde{x}) < 0$

$$f(4) = 16 - 16 - 1 < 0 \;\Rightarrow\; \textit{eine Nullstelle } \hat{x} \in]3, 4[$$

Die Iterationsformel lautet:

$$x_{n+1} = x_n - \frac{x_n^2 - 2^{x_n} - 1}{2x_n - 2^{x_n} \cdot \ln(2)}$$

Wir beginnen mit $x_0 = 4$, *woraus folgt*

$$\begin{array}{llll} \Rightarrow & x_1 \approx 3.676412569... & \Rightarrow & x_2 \approx 3.497996011... \\ \Rightarrow & x_3 \approx 3.423727782... & \Rightarrow & x_4 \approx 3.408153826... \\ \Rightarrow & x_5 \approx 3.407451936... & \Rightarrow & x_6 \approx 3.407450522... \\ & & \textit{und} & f(x_6) \approx 0 \end{array}$$

3.5.3 Näherung durch Taylorentwicklung

Zum Abschluss dieses Kapitels kommen wir noch auf ein Verfahren zur Lösung von Gleichungen zurück, welches ohne Iterationsschritte auskommt. Ist nämlich die Taylorreihe einer Funktion bekannt, welche Teil der Gleichung ist, so ersetzt man den Funktionsterm im n-ten Berechnungsschritt durch sein n-tes Taylorpolynom, beginnend bei $n = 0$.

Das Vorgehen bei dieser Anwendung der Taylorentwicklung einer Funktion verdeutlicht das folgende Beispiel.

Beispiel 3.5.5.
Wir suchen den Argumentwert $x^* \in \mathbb{R}^+$ *des Schnittpunkts der Graphen von* $f(x) = \cos(x)$ *mit* $g(x) = x^2$, *was gleichbedeutend mit der Suche nach der Lösung der Gleichung* $x^2 - \cos(x) = 0$ *ist.*

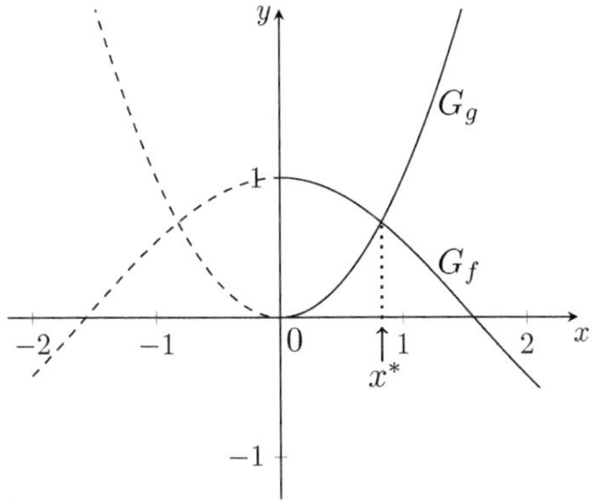

Abbildung 3.18: Schnittpunkt x^2 und $\cos(x)$

Als erste Abschätzung aus Abbildung 3.18 ergibt sich $x^* \in [0,1]$ *und aus den Eigenschaften der Funktionen* f *und* g *folgt weiterhin:*

- f *ist auf* $[0,1]$ *monoton fallend.*
- g *ist auf* $[0,1]$ *monoton wachsend.*
- $f(0) = 1, g(0) = 0.$
- *Beide Funktionen sind stetig*
- *Es gibt genau einen Schnittpunkt* $\tilde{x}$.

Als zweite Beobachtung sehen wir:

- $f(1) < 1 < g(1)$
- $f(0) = 1 > g(0)$
- *damit liegt* $\tilde{x}$ *tatsächlich zwischen* 0 *und* 1.

Wir betrachten nun die Gleichung $\cos(x) = x^2$, *wobei wir für deren Lösung* $\cos(x)$ *schrittweise durch dessen Taylorpolynome steigenden Grades ersetzen.*

Die Taylorreihe der Kosinus-Funktion um $x_0 = 0$ lautet bekanntlich:

$$\cos(x) = \sum_{k=0}^{\infty}(-1)^k \frac{x^{2k}}{(2k)!} = 1 - \frac{x^2}{2} + \frac{x^4}{4!} - \frac{x^6}{6!} + \mathcal{O}(x^8) \tag{3.52}$$

Die Näherungsweise Bestimmung des Schnittpunktes ergibt sich dann in folgenden Schritten:

1. *Schritt: Wir betrachten von (3.52) alle Glieder bis $o(x^2)$.*

   $$\cos(x) \approx 1 = x^2$$

   Damit ergibt sich für den Schnittpunkt: $x^* \approx 1$.

2. *Schritt: Wir betrachten von (3.52) alle Glieder bis $o(x^4)$.*

   $$\cos(x) \approx 1 - \frac{x^2}{2} = x^2 \;\Rightarrow\; \frac{2}{3} = x^2$$

   Damit ergibt sich für den Schnittpunkt: $x^* \approx \sqrt{\frac{2}{3}} \approx 0.81649658....$

3. *Schritt: Wir betrachten von (3.52) alle Glieder bis $o(x^6)$.*

   $$\cos(x) \approx 1 - \frac{x^2}{2} + \frac{x^4}{24} = x^2 \;\Rightarrow\; 0 = x^4 - 36x^2 + 24 \tag{3.53}$$

   Die Biquadratische Gleichung in (3.53) kann man durch die Substitution $y = x^2$ lösen.

   $$\begin{aligned} 0 = x^4 - 36x^2 + 24 \;&\Rightarrow\; 0 = y^2 - 36y + 24 \\ &\Rightarrow\; y_{1,2} = \begin{cases} 18 + \sqrt{300} & \notin [0,1] \\ 18 - \sqrt{300} & \in [0,1] \end{cases} \\ &\Rightarrow\; x_{1,2} = \pm\sqrt{18 - \sqrt{300}} \end{aligned}$$

   Damit ergibt sich für den Schnittpunkt:

   $$x^* \approx \sqrt{18 - \sqrt{300}} \approx 0.8243130...$$

Die ersten acht Stellen des genauen Werts der Nullstelle, welcher sich z. B. auch mit Hilfe des Newton-Verfahrens oder unter Berücksichtigung höherer Ordnungen als den in (3.52) angegebenen bestimmen lässt, sind $x^* \approx 0.8241323....$

3.5.4 Kurzaufgaben zum Verständnis

1. Kann man eine Nullstelle einer Funktion f mit der Regula-Falsi-Methode finden, dann auch mit der Newton-Iteration.

   □ wahr □ falsch

2. Ist f konkav, dann kann man mit der Newton-Iteration keine Nullstelle finden.

   □ wahr □ falsch

3. Für einen Startwert der Newton-Iteration wählt man einen Punkt x_0 mit großem Wert $f'(x_0)$.

   □ wahr □ falsch

4. Welche Methode eignet sich am besten zur Nullstellenbestimmung von $f(x) = |\ln|x|| - e^{|x|}$?

   □ Regula Falsi □ Newton-Verfahren

5. Gilt für eine gegebene in x_0 differenzierbare Funktion $f(x)$ sowohl $f'(x_0) = 0$ als auch $f''(x_0) = 0$, dann liegt in x_0 immer ein Wendepunkt vor.

   □ wahr □ falsch

3.5.5 Übungen

Lösungsvideos zu den Übungen können auf www.lsgn24h.de über die Eingabe des Lösungscodes abgerufen werden.

Kl A:

1. Berechnen Sie die Werte aller positiven reellen Nullstellen der folgenden Funktion

$$f(x) = x^4 - 8$$

   (a) analytisch.

   (Lösungscode: SB04NU0A001)

   (b) mithilfe der Regula Falsi bis auf acht Nachkommastellen genau.

   (Lösungscode: SB04NU0A002)

   (c) mithilfe des Newton-Verfahrens bis auf acht Nachkommastellen genau.

   (Lösungscode: SB04NU0A003)

   (d) Vergleichen Sie die Ergebnisse der Regula-Falis mit denen des Newton-Verfahrens. Welche Methode erreicht den Zielwert in weniger Schritten bei gleichem Ausgangswert?

   (Lösungscode: SB04NU0A004)

Kl B:

1. Gegeben sind die zwei auf $I_0 :=]-\frac{\pi}{2}, \frac{\pi}{2}[$ definierten Funktionen $f(x) = \tan(x)$ und $f_1(x) = \arctan(x)$.

   (a) Zeigen Sie, dass $g(x) := f(x) - f_1(x)$ auf $I_+ :=]0, \frac{\pi}{2}[$ eine Nullstelle besitzen muss.

   (Lösungscode: SB04NU0B001)

   (b) Berechnen Sie den Wert der Nullstelle $x^* \in I_+$ von g mithilfe des Newton-Verfahrens.

   (Lösungscode: SB04NU0B002)

   (c) Ist g auf I_0 konvex, konkav oder keines von beidem?

   (Lösungscode: SB04NU0B003)

2. Untersuchen Sie die folgende auf $\mathbb{R}$ definierte Funktion

$$g(x) = e^{x^2-3x+1}$$

   (a) auf Extrema und bestimmen Sie gegebenenfalls deren Art und Lage.

   (Lösungscode: SB04NU0B004)

   (b) auf Wendepunkte und bestimmen Sie gegebenenfalls deren Lage.

   (Lösungscode: SB04NU0B005)

Kl C:

1. Eine Funktion f sei für $x \geq 0$ definiert, überall positiv, streng monoton fallend, zweimal differenzierbar und es gelte

$$f'(0) = \lim_{h \downarrow 0} \frac{f(h) - f(0)}{h} = 0$$

   Kann f konvex sein? Kann f konkav sein?

   (Lösungscode: SB04NU0C001)

2. Sei $f : [a, b] \longrightarrow [a, b]$ monoton wachsend.

   (a) Man definiere $M = \{x; f(x) \geq x\}$ und zeige, dass es ein $c \in M$ gibt, mit $c = \sup(M) \in [a, b]$.

   (Lösungscode: SB04NU0C002)

   (b) Zeigen Sie, dass f einen Fixpunkt besitzt, d. h., es gibt ein $\xi \in [a, b]$ mit $f(\xi) = \xi$ (Tipp: Fallunterscheidung)

   (Lösungscode: SB04NU0C003)

   (c) Kann man in der Formulierung der Aufgabe „monoton wachsend“ auch durch „monoton fallend“ ersetzen?

   (Lösungscode: SB04NU0C004)

3. Sei eine konvexe Funktion $f : I \longrightarrow \mathbb{R}$ gegeben und $I \subset \mathbb{R}$, ein offenes Intervall. Zeigen Sie, dass für f gilt

$$f\left(\frac{x_1 + x_2}{2}\right) \leq \frac{1}{2} f(x_1) + \frac{1}{2} f(x_2), \; x_1, x_2 \in I \qquad (3.54)$$

   (Lösungscode: SB04NU0C005)

Kl D:

1. Seien eine Funktion $f : I \longrightarrow \mathbb{R}$ gegeben und $I \subset \mathbb{R}$, ein offenes Intervall. f erfülle (3.54).

   (a) Beweisen Sie nur mithilfe von (3.54) die Ungleichung von Jensen

   $$f\left(\frac{x_1 + x_2 + \ldots + x_n}{n}\right) \leq \frac{1}{n}(f(x_1) + f(x_2) + \ldots + f(x_n)),$$

   $$x_1, x_2, \ldots, x_n \in I$$

   (dies beweise man zunächst für $n = 2^k$ $(k \in \mathbb{N}_0)$).

   (Lösungscode: SB04NU0D001)

   (b) Folgern Sie aus (3.54) die Konvexitätsbedingung

   $$f((1-\lambda)x_1 + \lambda x_2) \leq (1-\lambda)f(x_1) + \lambda f(x_2)$$

   für alle $\lambda \in \mathbb{Q}$.

   (Lösungscode: SB04NU0D002)

2. Folgern Sie, dass jede stetige Funktion, die (3.54) erfüllt, konvex ist.

   (Lösungscode: SB04NU0D003)

3. Erfüllt f die Ungleichung (3.54) und ist f beschränkt, so ist f stetig und konvex. Beweisen Sie dies.

   (Lösungscode: SB04NU0D004)

4. Man zeige, dass eine konvexe Funktion $f : I \longrightarrow \mathbb{R}$ in jedem abgeschlossenen und beschränkten Teilintervall beschränkt ist. Weiter beweise man, dass f in jedem inneren Punkt von I auch rechts- und linksseitig differenzierbar ist, und somit dort auch stetig ist.

   (Lösungscode: SB04NU0D005)

„Was macht Papa denn da? Wir wollten doch nur nach Mallorca"
„Papa versucht die Reisekosten zu OPTIMIEREN"

4. Probeklausuren

In diesem letzten Abschnitt präsentieren wir drei Probeklausuren zu den Inhalten dieses Buches. Diese Probeklausuren sollen eine Idee einer möglichen Klausur als Abschlussprüfung einer einsemestrigen Vorlesung darstellen.
Als Abschluss dieses Buches ist es sinnvoll, sich mit Hilfe dieser Probeklausuren selbst zu testen, so dass Sie für sich eine Antwort auf jede der folgenden Fragen finden können:

1. Welchen Anteil der jeweiligen Probeklausur konnte ich in der vorgegebenen Zeit lösen?
2. Welchen Anteil der jeweiligen Probeklausur konnte ich in der vorgegebenen Zeit noch nicht lösen?
3. Welche Informationen fehlten mir, um die Probeklausuren jeweils zu mindestens 70 % korrekt lösen zu können?
4. Lagen meine Schwierigkeiten eher im Bereich der Anwendung der Rechenmethodiken oder im Verständnis der Problemstellungen?
5. Welche Symbole habe ich noch nicht verstanden?
6. Welche Begriffe habe ich noch nicht verstanden?
7. In welchen Rechenmethodiken bin ich noch nicht sattelfest?
8. Welche Kapitel aus dem Buch sollte ich noch einmal wiederholen und durcharbeiten?
9. Welche Verständnisfragen aus dem Buch sollte ich noch einmal durcharbeiten?
10. Welche Übungen sollte ich noch einmal durcharbeiten?

Ergänzende Information Die elektronische Version dieses Kapitels enthält Zusatzmaterial, auf das über folgenden Link zugegriffen werden kann https://doi.org/10.1007/978-3-658-45345-9_4.

G. Schlüchtermann und N. Mahnke, *Basiswissen Ingenieurmathematik Band 4*,
https://doi.org/10.1007/978-3-658-45345-9_4

Bevor es losgeht, hier noch ein paar Tipps zum Umgang mit den Probeklausuren.

Planen Sie einen festen Zeitraum für die Probeklausuren ein, beginnend mit 10 min Vorbereitungszeit bevor Sie die Probeklausur schreiben und 10 min Nachbereitungszeit nachdem Sie die Probeklausur geschrieben haben. Eliminieren Sie alle möglichen Störungsquellen, um sich über die vorgegebene Bearbeitungszeit ungestört auf die Probeklausur konzentrieren zu können. So können Sie für den Zeitraum z. B. Ihr Smartphone und Ihren Computer ausschalten und für andere ein „Bitte nicht stören" Schild an Ihre Zimmertür hängen. Seien Sie kreativ und Ihren persönlichen Umständen gegenüber angemessen.

Halten Sie Bearbeitungspapier, Stift und Zeichenmaterial bereit.

Es ist auch gut, immer etwas zu trinken griffbereit zu haben (nur nichtalkoholische Getränke) und manchem hat auch schon ein Gehörschutz zur Reduktion von Störgeräuschen geholfen. Es gibt zudem viele Bücher mit guten Tipps für die Klausurvorbereitung in ingenieurwissenschaftlichen Fächern.

Haben Sie sich und Ihre Umgebung gut vorbereitet, dann kann es losgehen. Auf den folgenden Seiten finden Sie die Probeklausuren:

Probeklausur 1

Bearbeitungsdauer : 60min	4 Aufgaben

WICHTIG:
Das Ergebnis allein zählt nicht. Der Rechenweg muß erkennbar sein!

Aufgabe 1 : Verständnisfragen

1. Ist $f(x) = x^m$ mit $m \in \mathbb{Z}$, so ist f immer genau dann umkehrbar auf dem Wertebereich, wenn m ungerade ist.

   □ wahr □ falsch

2. Ist $f : [a,b] \longrightarrow \mathbb{R}$ stetig, differenzierbar auf $]a,b[$ und streng monoton steigend, so gilt $f'(x) > 0$ für alle $x \in]a,b[$.

   □ wahr □ falsch

Aufgabe 2
Bestimmen Sie die Partialbruchzerlegung von

$$f(x) = \frac{4x+2}{x^3+x^2+x+1}$$

Aufgabe 3
Für welches $c \in \mathbb{R}$ existiert

$$\lim_{x\to -3}\left(\frac{1}{x^2-9} - \frac{c}{3+x}\right)?$$

Aufgabe 4
Bestimmen Sie die MacLaurin-Reihe der Funktion $f(x) = \cos(\sqrt{x})$.

(Lösungscode: SB04PB01060)

Probeklausur 2

Bearbeitungsdauer : 90min	5 Aufgaben

WICHTIG:
Das Ergebnis allein zählt nicht. Der Rechenweg muß erkennbar sein!

Aufgabe 1 : Verständnisfragen

1. Sind $f, g : [a, b] \longrightarrow \mathbb{R}$ Funktionen, wobei f und g monoton wachsend sind, dann ist $f \cdot g$ auch monoton wachsend.

   □ wahr □ falsch

2. Ist $f :]a, b] \longrightarrow \mathbb{R}$ monoton wachsend (fallend), dann existiert

   $$\lim_{x \downarrow a} f(x)$$

   □ wahr □ falsch
   □ nur wenn f nach unten (oben) beschränkt ist

3. Ist $f :]a, b] \longrightarrow \mathbb{R}$ stetig differenzierbar, dann existiert

   $$\lim_{x \downarrow a} f'(x)$$

   □ wahr □ falsch

4. Ist $f : \mathbb{R} \longrightarrow \mathbb{R}$ ein Polynom k-ten Grades, so stellt die Taylorreihe die Funktion f dar.

   □ wahr □ falsch □ nur wenn f konstant ist

Aufgabe 2

Geben Sie den Konvergenzradius der folgenden Potenzreihe an:

$$f(x) = \sum_{k=1}^{\infty} 7(-1)^k 2^{3k} x^{4k+2}$$

Aufgabe 3
Für welche $\alpha > 0$ ist

$$f(x) = \begin{cases} x^\alpha \sin\left(\frac{1}{x}\right) & \text{für } x > 0 \\ 0 & \text{für } x \leq 0 \end{cases}$$

in $x = 0$

- stetig?
- differenzierbar?
- stetig differenzierbar?

Wie sieht es mit Stetigkeit für $\alpha = 0$ aus?

Aufgabe 4
Es sei $f :]0,1] \longrightarrow \mathbb{R}$ auf $]0,1[$ differenzierbar und es existiere

$$\lim_{x \to 0^+} f'(x)$$

Dann existiert auch

$$\lim_{x \to 0^+} f(x) = y_0$$

Kann man die Funktion f auf $[0,1]$ stetig fortsetzen? Wenn ja, existiert dann bei $x_0 = 0$ auch die rechtsseitige Ableitung, d. h.

$$f'_+(0) = \lim_{h \to 0+} \frac{f(h) - f(0)}{h}$$

und welchen Wert hat sie?

Aufgabe 5
Zeigen Sie, dass für $\alpha \in \mathbb{R}$ und $|x| < 1$ gilt:

$$f(x) = (1+x)^\alpha = \sum_{n=0}^{\infty} \binom{\alpha}{n} x^n$$

Hinweis: Mittels vollständiger Induktion beweise man zunächst:

$$f^{(n)}(x) = n! \binom{\alpha}{n} (1+x)^{\alpha - n}$$

(Lösungscode: SB04PB02090)

Probeklausur 3

Bearbeitungsdauer : 120min	6 Aufgaben

WICHTIG:
Das Ergebnis allein zählt nicht. Der Rechenweg muß erkennbar sein!

Aufgabe 1 : Verständnisfragen

1. Sind f, g zwei Potenzreihen um $x_0=0$ jeweils mit Konvergenzradien r_f bzw. r_g, so konvergiert das Produkt $f \cdot g$ auf dem Intervall um x_0 mit Radius $r_f \cdot r_g$

   □ wahr □ falsch

2. Es gilt $e^{\ln(x)} = x$ für alle $x \in \mathbb{R}$

   □ ja □ nein □ nein, nur für $x > 0$

3. Es gibt eine stetige Funktion $f :]0,1] \longrightarrow \mathbb{R}$, die unendlich viele Nullstellen besitzt.

   □ wahr □ falsch

4. Ist $f : [0, \infty[\longrightarrow \mathbb{R}$ differenzierbar, streng monoton wachsend und nach oben beschränkt, so gilt

   $$\lim_{x\to\infty} f'(x) = 0$$

   □ wahr □ falsch

5. Sind $f, g : \mathbb{R} \longrightarrow \mathbb{R}$ beliebig oft differenzierbar und stimmen auf einem gemeinsamen Konvergenzintervall $I =]x_0 - r, x_0 + r[$ die Taylorreihen überein, so gilt $f = g$ auf I.

   □ wahr □ falsch

Aufgabe 2

Geben Sie die Potenzreihe von

$$\frac{1}{x^2 - 1}$$

um $x_0 = 0$ an.

Aufgabe 3
Berechnen Sie alle reellen Argumentwerte der folgenden Funktion

$$f(x) = \log_3 \left(\log_{\frac{1}{3}} \left[\log_{0,3}(x)\right]\right)$$

falls gelte $f(x) = 2$.

Aufgabe 4
Geben Sie ein Beispiel einer Folge von stetigen Funktionen $f_n : [a, b] \longrightarrow \mathbb{R}$ an mit

$$\sup_{n \in \mathbb{N}, x \in [a,b]} |f(x)| < \infty$$

so dass

$$f(x) = \sup\{f_n(x); n \in \mathbb{N}\}$$

nicht stetig auf $[a, b]$ ist.

Aufgabe 5
Es seien $f : [0, \infty[\longrightarrow \mathbb{R}$ differenzierbar auf $]0, \infty[$ und $A \in \mathbb{R}$ mit $A = \lim_{x \to \infty} f'(x)$. Zeigen oder widerlegen Sie:

1. $$\lim_{x \to \infty} (f(x + 1) - f(x)) = A$$

2. Ist f beschränkt, so gilt $A = 0$.

3. Ist $A = 0$ und f beschränkt, so existiert der Grenzwert

$$\lim_{x \to \infty} f(x)$$

Aufgabe 6

Es sei $f :] - \frac{\pi}{2}, \frac{\pi}{2}[\longrightarrow \mathbb{R}$ mit $f(x) = \ln(\cos(x))$. Bestimmen Sie T_2 um $x_0 = 0$ und zeigen Sie für $|x| < \frac{\pi}{2}$:

$$|f(x) - T_2(x)| \leq \frac{2}{3} x^3$$

(Lösungscode: SB04PB03120)

5. Antworten zu den Kurzaufgaben

Kurzaufgaben zum Verständnis 2.4.4

1. ☐ ☑
2. ☑ ☐
3. ☐ ☑
4. ☐ ☑
5. ☑ ☐
6. ☐ ☑

Kurzaufgaben zum Verständnis 2.5.1

1. ☑ ☐
2. ☑ ☐
3. ☐ ☑
4. ☑ ☐ ☐
5. ☐ ☑
6. ☐ ☑

Ergänzende Information Die elektronische Version dieses Kapitels enthält Zusatzmaterial, auf das über folgenden Link zugegriffen werden kann https://doi.org/10.1007/978-3-658-45345-9_5.

G. Schlüchtermann und N. Mahnke, *Basiswissen Ingenieurmathematik Band 4*,
https://doi.org/10.1007/978-3-658-45345-9_5

Kurzaufgaben zum Verständnis 2.6.3

1. ☐ ☐ ☑
2. ☐ ☑
3. ☐ ☐ ☑
4. ☐ ☑ ☐
5. ☑ ☐
6. ☑ ☐

Kurzaufgaben zum Verständnis 3.1.2 Die Checkboxen von oben nach unten sind hier von links nach rechts dargestellt.

1. ☑ ☐
2. ☐ ☑
3. ☐ ☐ ☑
4. ☐ ☐ ☑
5. ☑ ☐
6. ☑ ☐
7. ☑ ☐

Kurzaufgaben zum Verständnis 3.2.2

1. ☐ ☑
2. ☐ ☑
3. ☐ ☑
4. ☐ ☐ ☑
5. ☑ ☐
6. ☑ ☐

Kurzaufgaben zum Verständnis 3.3.1

1. ☐ ☑
2. ☑ ☐
3. ☐ ☑
4. ☐ ☑
5. ☑ ☐
6. ☑ ☐

Kurzaufgaben zum Verständnis 3.4.1

1. ☑ ☐
2. ☐ ☑
3. ☑ ☐
4. ☑ ☐
5. ☑ ☐
6. ☐ ☑

Kurzaufgaben zum Verständnis 3.5.4

1. ☐ ☑
2. ☐ ☑
3. ☐ ☑
4. ☑ ☐
5. ☐ ☑

Symbolverzeichnis

Symbol	Erläuterung
$\mathbb{N}$	Menge der natürlichen Zahlen
$\mathbb{N}_0$	Menge der natürlichen Zahlen inkl. der Null
$\mathbb{Z}$	Menge der ganzen Zahlen
$\mathbb{Z}^+$	Menge der positiven ganzen Zahlen
$\mathbb{Z}^-$	Menge der negativen ganzen Zahlen
$\mathbb{Q}$	Menge der rationalen Zahlen
$\mathbb{R}$	Menge der reellen Zahlen
$\mathbb{R}^+$	Menge der positiven reellen Zahlen
$\mathbb{R}_0^+$	Menge der positiven reellen Zahlen inkl. der Null
$\mathbb{R}^-$	Menge der negativen reellen Zahlen
$\mathbb{R}_0^-$	Menge der negativen reellen Zahlen inkl. der Null
$\mathbb{R}^*$	Menge der natürlichen Zahlen ohne die Null
$\mathbb{C}$	Menge der komplexen Zahlen
$\mathbb{K}$	Menge $\mathbb{R}$ oder $\mathbb{C}$
LGS	Lineare:s Gleichungssystem:e
$\Leftrightarrow$	„genau dann, wenn“
$\Rightarrow$	„so folgt“
$\forall$	„für alle“
$\exists$	„es existiert ein“
$\exists!$	„es existiert genau ein“
sgn	Signumfunktion
$\dim(V)$	Dimension von V
$\circ$	Verkettung von Abbildungen
$\mathcal{O}(\,.\,)$	Landausymbol
$o(\,.\,)$	Landausymbol

G. Schlüchtermann und N. Mahnke, *Basiswissen Ingenieurmathematik Band 4*,
https://doi.org/10.1007/978-3-658-45345-9

Literaturverzeichnis

[AHK] Arens, T., Hettlich, F., Karpfinger, Ch., Kockelkorn, U., Lichtenegger, K. und Stachel, H., Mathematik, Spektrum Verlag (2008)

[Baer] Bärwolff, G., Numerik für Ingenieure, Physiker und Informatiker, Springer Spektrum (2020)

[BF] Barner, M. und Flohr, F., Analysis I , W. de Gruyter Verlag (1974)

[DRN] Dahmen, W. , Reusken , A., Numerik für Naturwissenschaftler und Ingenieure, Springer Spektrum (2022)

[EV1] Erven, J. ,Mathematik für Ingenieure, Oldenbourg Verlag (2010)

[Fi1] Fischer, G., Lineare Algebra, Springer Spektrum (2017)

[GER] Gerster, H.D., Aussagenlogik, Mengen, Relationen. divVerlag Franzbecker, Berlin (1998)

[H1] Heuser, H., Lehrbuch der Analysis Teil 1, B.G.Teubner Stuttgart (1993)

[H2] Heuser, H., Lehrbuch der Analysis Teil 2, B.G.Teubner Stuttgart (1990)

[HL1] Henze, N. und Last, G., Mathematik für Wirtschaftsingenieure, Band1, Vieweg Verlag (2004)

[HL2] Henze, N. und Last, G. Mathematik für Wirtschaftsingenieure, Band2, Vieweg Verlag (2004)

[K1] Königsberger, K., Analysis 1, Springer Verlag (1990)

[K2] Königsberger, K., Analysis 2, Springer Verlag (1990)

G. Schlüchtermann und N. Mahnke, *Basiswissen Ingenieurmathematik Band 4*,
https://doi.org/10.1007/978-3-658-45345-9

[Lin] Lindörfer, K., Das große Schachlexikon, Orbis-Verl. (1991)

[PVK1] Precht, M., Voit, K. und Kraft, R. Mathematik 1 für Nichtmathematiker, 7.Auflage, Oldenbourg Verlag (2005)

[PVK2] Precht, M., Voit, K. und Kraft, R. Mathematik 2 für Nichtmathematiker, 7.Auflage, Oldenbourg Verlag (2005)

[Rud] Rudin, W., Analysis, Oldenbourg Verlag (2009)

[SM01] Schlüchtermann G., Mahnke N., Basiswissen Ingenieurmathematik Band 1, 2.Auflage, Springer Vieweg (2021)

[SM02] Schlüchtermann G., Mahnke N., Basiswissen Ingenieurmathematik Band 2, 1.Auflage, Springer Vieweg (2022)

[SM03] Schlüchtermann G., Mahnke N., Basiswissen Ingenieurmathematik Band 3, 1.Auflage, Springer Vieweg (2023)

Sachwortverzeichnis

G. Schlüchtermann und N. Mahnke, *Basiswissen Ingenieurmathematik Band 4*,
https://doi.org/10.1007/978-3-658-45345-9

GPSR Compliance

The European Union's (EU) General Product Safety Regulation (GPSR) is a set of rules that requires consumer products to be safe and our obligations to ensure this.

If you have any concerns about our products, you can contact us on ProductSafety@springernature.com

In case Publisher is established outside the EU, the EU authorized representative is:

Springer Nature Customer Service Center GmbH
Europaplatz 3
69115 Heidelberg, Germany

Batch number: 10607162

Printed by Printforce, the Netherlands